高等学校"十二五"规划教材

建筑工程管理入门与速成系列

建筑工程招标投标速成

白会人　主编

哈尔滨工业大学出版社

内 容 提 要

本书根据《中华人民共和国招标投标法》(2012年)、《房屋建筑和市政基础设施工程施工招标投标管理办法》、《工程建设施工招标投标管理办法》、《中华人民共和国合同法》、《中华人民共和国政府采购法》、《建筑工程工程量清单计价规范》(GB 50500—2013)及其他相关法律法规,结合建筑工程管理的实际介绍了工程招标投标的主要内容,包括建筑工程招标投标基础知识,建筑工程招标、投标、开标、评标和废标,建筑工程中标与合同签订,国际工程招标与投标,招标投标相关法律法规。

本书内容通俗易懂,流程清晰,可作为从事建筑工程合同预算人员、招标投标人员、工程技术与管理人员,以及高等院校有关招投标专业学生的参考书。

图书在版编目(CIP)数据

建筑工程招标投标速成/白会人主编. —哈尔滨:
哈尔滨工业大学出版社,2013.12
ISBN 978 - 7 - 5603 - 4290 - 0

Ⅰ.① 建… Ⅱ.①白… Ⅲ.①建筑工程-招标-高等
学校-教材 ②建筑工程-投标-高等学校-教材 Ⅳ.
①TU723

中国版本图书馆 CIP 数据核字(2013)第 263986 号

策划编辑	郝庆多　段余男
责任编辑	王桂芝　段余男
封面设计	刘长友
出版发行	哈尔滨工业大学出版社
社　　址	哈尔滨市南岗区复华四道街 10 号　邮编 150006
传　　真	0451 - 86414749
网　　址	http://hitpress. hit. edu. cn
印　　刷	黑龙江省委党校印刷厂
开　　本	787mm×1092mm　1/16　印张 12　字数 300 千字
版　　次	2013 年 12 月第 1 版　2013 年 12 月第 1 次印刷
书　　号	ISBN 978 - 7 - 5603 - 4290 - 0
定　　价	29.00 元

(如因印装质量问题影响阅读,我社负责调换)

编　委　会

主　编　白会人

参　编　曹启坤　齐丽娜　赵　慧　刘艳君

　　　　陈高峰　郝凤山　夏　欣　唐晓东

　　　　李　鹏　成育芳　高倩云　何　影

　　　　李香香　白雅君

前　言

招投标制度作为工程承包发的主要形式在国际、国内的工程项目建设中已广泛实施，它是一种富有竞争性的采购方式，是市场经济的重要调节手段，它不但为业主选择好的供货商和承包人，而且能够优化资源配置，形成优胜劣汰的市场机制，其本质特征是"公开、公平、公正"和"充分竞争"。实践证明，招投标制度是比较成熟而且科学合理的工程承发包方式，也是保证工程质量、加快工程进度的最佳办法。但由于机制不完善，法制不健全，致使当前的招投标现状仍存在不少不容忽视的问题。为了使大家更好地了解招标投标的相关内容，特编写这本《建筑工程招标投标速成》。

本书以《中华人民共和国招标投标法》、《中华人民共和国合同法》等现行标准规范为依据，充分体现"规范"的思想，同时参考实际招标投标中运用的基本原理和方法，并结合实际操作，系统、全面地介绍建筑工程招标投标的全过程。

本书在编写过程中参考了有关文献和一些成功的招标投标案例，并且得到了许多专家和相关单位的关心与大力支持，在此表示衷心感谢。由于编者水平有限，本书难免出现疏漏及不妥，恳请广大读者给予指正。

编　者

2013 年 8 月

目　录

1 建筑工程招标投标的基础知识

1.1 建筑工程招标投标的概述

1.1.1 建筑工程招标投标的概念

招标投标是在市场经济条件下进行工程建设、货物买卖、财产出租、中介服务等经济活动的一种竞争形式和交易方式,是一种引入竞争机制订立合同(契约)的法律形式。

招标是指招标人(或招标单位)在购买大批物资、发包工程项目或某一有目的业务活动前,按照公布的招标条件,公开或书面邀请投标人(或投标单位)在接受招标文件要求的前提下前来投标,以便招标人从中择优选定的一种交易行为。

投标就是投标人(或投标单位)在同意招标人拟定的招标文件的前提下,对招标项目提出自己的报价和相应的条件,通过竞争企图被招标人选中的一种交易方式。这种方式是投标人之间通过直接竞争,在规定的期限内以比较合适的条件达到招标人所需的目的。

从法律意义上讲,建筑工程招标一般是指建设单位(或业主)就拟建的工程发布通告,采用法定方式吸引建设项目的承包单位参加竞争,从而通过法定程序从中选择条件优越者来完成工程建设任务的法律行为。建筑工程投标一般是经过特定审查而获得投标资格的建设项目承包单位,根据招标文件的要求,在规定的时间内向招标单位填报投标书,并争取中标的法律行为。

1.1.2 建筑工程招标投标的特点

招标投标是在市场经济条件下进行建设工程、货物买卖、财产租售和中介服务等经济活动的一种竞争和交易形式,其特征是引入竞争机制以求达成交易协议和订立合同,它既有经济活动又有民事法律行为兼具的两种性质。建设工程招标投标的目的则是在工程建设中引进竞争机制,从中选定最优勘察、设计、设备安装、施工、装饰装修、材料设备供应、监理和工程总承包等单位,以保证缩短工期、提高工程质量和节约建设投资。招标投标具有如下所述的几项特点:

(1)通过竞争机制,实行交易公开。

(2)鼓励竞争、防止垄断、优胜劣汰,可较好地实现投资效益。

(3)通过科学合理和规范化的监管制度与运作程序,可有效杜绝不正之风。

1.1.3 建筑工程招标投标应遵循的原则

《中华人民共和国招标投标法》(以下简称《招标投标法》)第5条规定:"招标投标活动应当遵循公开、公平、公正和诚实信用的原则。"

（1）公开原则。

公开是指招标投标活动应有较高的透明度,投标的信息、条件、程序和结果都是公开的。

（2）公平原则。

招标投标属于民事法律行为,公平是指民事主体的平等。所以应当杜绝一方把自己的意志强加于对方,招标压价或签订合同前无理压价及投标人恶意串通,提高标价损害对方利益等违反公平原则的行为。

（3）公正原则。

公正是指依据招标文件中规定的统一标准,实事求是地进行评标和决标,不偏袒任何一方。

（4）诚实信用原则。

诚实是指真实和合法,不能用歪曲或隐瞒真实情况的手段去欺骗对方。违反诚实原则的中标是无效的,且应对因此导致的损失和损害承担责任。信用是指遵守承诺,履行合约,不见利忘义,弄虚作假,甚至损害他人、国家和集体的利益。诚实信用原则是市场经济的基本前提,在社会主义条件下所有民事权利的行使和民事义务的履行,均应遵循诚实信用原则。

1.1.4　建筑工程招标投标的意义

实行建设项目的招标投标是我国建筑市场趋向规范化、完善化的重要措施,对于择优选择承包单位、全面降低工程造价,从而促使工程造价得到合理有效的控制,具有十分重要的意义,具体体现在以下几个方面:

（1）形成了由市场定价的价格机制。

实行建设项目的招标投标基本形成了由市场定价的价格机制,使工程价格更趋于合理。其中最明显的表现是若干投标人之间出现激烈竞争（相互竞标）,这种市场竞争最直接、最集中的表现就是在价格上。通过竞争确定出工程价格,使其趋于合理或下降,这将有利于节约投资,提高投资效益。

（2）不断降低社会平均劳动消耗水平。

实行建设项目的招标投标可以不断降低社会平均劳动消耗水平,有效控制工程价格。在建筑市场中,不同投标者的个别劳动消耗水平是有差异的。通过推行招标投标,最终是那些个别劳动消耗水平最低或与最低接近的投标者获胜,这样便实现了生产力资源较优配置,对于不同投标者也实行了优胜劣汰。

（3）工程价格更加符合价值基础。

实行建设项目的招标投标有利于供求双方更好地相互选择,使工程价格更加符合价值基础,进而控制工程造价。采用招投标方式就为供求双方在较大范围内进行相互选择创造了条件,为需求者（例如建设单位、业主）与供给者（例如勘察设计单位、施工企业）在最佳点上结合提供了可能。

（4）公开、公平、公正的原则。

实行建设项目的招标投标有利于规范价格行为,使公开、公平、公正的原则得以贯彻。我国招投标活动有特定的机构进行管理,必须遵循严格的程序,有高素质的专家支持系统、工程技术人员的群体评估与决策,能够防止盲目过度的竞争和营私舞弊现象的发生,对建筑领域中的腐败现象也是强有力的遏制,使价格形成过程变得透明而较为规范。

（5）能够减少交易费用。

实行建设项目的招标投标能够降低交易费用，节省人力、物力、财力，进而使工程造价有所降低。招投标中，若干投标人在同一时间、地点报价竞争，在专家支持系统的评估下，通过群体决策方式确定中标者，必然减少交易过程的费用，这本身就意味着招标人收益的增加，对工程造价必然产生积极的影响。

1.1.5　工程招标投标的标的

工程招标投标的标的，是指招标人和投标人双方权利和义务所指向的对象。对招标人而言，是其采购的对象；对投标人而言，则是出卖的对象。依据《招标投标法》的立法精神及国际上招标投标的相关规定来看，工程招标投标的标的应当包括货物、工程、服务三类。

1. 货物

货物，是指具有一定的物质形态、占有一定空间、具有一定价值和使用价值、用于交易的物品，包括原材料、设备、产品等。由于材料设备的采购占到工程造价的 60% 左右，因此，工程招标投标中含有大量的货物招标投标。

2. 工程

工程，是指建设工程，包括建筑物和构筑物的新建、改建、扩建及其相关的装修、拆除、修缮等。

工程建设项目，是指工程以及与工程建设有关的货物、服务。所称与工程建设有关的货物，是指构成工程不可分割的组成部分，且为实现工程基本功能所必需的设备、材料等；所称与工程建设有关的服务，是指为完成工程所需的勘察、设计、监理等服务。

3. 服务

世界银行和亚洲开发银行将咨询（包括设计、监理）纳入服务范围。服务类采购分为以下几点：

（1）印刷、出版。

（2）专用咨询、工程监理、工程设计。

（3）信息技术、信息管理软件的开发设计。

（4）维修，包括一般设备、专用设备、建筑物的维修，以及其他维修。

（5）保险。

（6）租赁，包括办公、宿舍、仓库、设备和机械及其他租赁。

（7）交通工具的维护保障，包括车辆保险、车辆加油、车辆维修。

（8）会议，包括大型会议、一般会议。

（9）培训，包括国内培训和国外培训。

（10）物业管理。

（11）其他服务。

1.2　建筑工程招标投标的范围

建筑工程招标投标的适用范围，从广义上讲，只要是采购人需要的、数额较大的项目或者产品，除一些特殊情况外，通常，都是可以通过招标的方式进行。但是，法律上确定招标的适用范围,由于涉及有关采购主体的权利和义务,以及国家的管理和监督职权,并不是任意设定的,在国际条约、协定的规定方面,还涉及参加国的承诺、保留,以及国内法与它的协调等一系列问题。

按照我国《招标投标法》的规定,凡是在中国境内进行的招标投标活动,不论招标主体的性质、招标采购的资金性质和招标采购项目的性质如何,都要按照《招标投标法》的有关规定进行招标。从招标主体上讲,包括政府机构、国有企事业单位、集体企业、私人企业、外商投资企业,以及其他非法人组织等进行的招标;从项目资金来源与性质上讲,包括利用国有资金、国际组织或外国政府贷款及援助资金,企业自有资金,商业性或者政策性贷款,政府机关或者事业单位列入财政预算的消费性资金进行的招标;从采购项目和采购对象上讲,包括工程(建造、改建、拆除、修缮或翻新,以及管线敷设、装饰装修等)、货物(设备、材料、产品、电力等)、服务类(咨询、勘察、设计、监理、维修、保险、选点等)的各种类别的招标采购。当然,既包括法定的必须招标项目(强制招标项目)和招标对象,也包括由当事人自愿采用招标方式进行采购的项目和招标对象。

在我国的《招标投标法》中,有许多条文都是针对强制招标的,其要求极为严格,并且不完全适合于当事人自愿招标的情况。因此,下面主要是根据当前各部门、各地方、各单位实际工作的需要,介绍当前政府已经明确了的强制招标的招标项目、招标对象(有的称其为"标的")范围,方便大家按照我国政府规定,能迅速明确和核定招标范围,提高工作效率、不误事。

依法必须进行招标的工程建设项目的具体范围和规模标准,由国务院发展改革部门会同国务院有关部门制订,报国务院批准后公布施行。

1. 应当实行招标的范围

我国《招标投标法》规定,下列三类工程建设项目必须进行招标:

(1)大型基础设施、公用事业等关系社会公众利益、公众安全的项目。

(2)全部使用或者部分使用国有资金投资或者国家融资的项目。

(3)使用国际组织或者外国政府贷款、援助资金的项目。

法律或国务院对必须进行招标的其他项目范围有规定的,则依照其规定。

在上述规定的指导下,全国各省市等地方有关部门关于建设工程招标范围都有自己具体的规定。对位于具体地点的工程招标范围,应按当地具体规定确定。《招标投标法》第6条中还规定:"依法必须进行招标的项目,其招标投标活动不受地区或者部门的限制。任何单位和个人不得违法限制或者排斥本地区、本系统以外的法人或者其他组织参加投标,不得以任何方式非法干涉招标投标活动。"

《工程建设项目招标范围和规模标准规定》中规定:在强制招标范围的各类工程建设项目,包括项目的勘察、设计、施工、监理,以及与工程建设有关的重要设备、材料等的采购,达到下列标准之一的,必须进行招标:

(1)施工单项合同估算价在 200 万元人民币以上的。

(2)重要设备、材料等货物的采购,单项合同估算价在 100 万元人民币以上的。

(3)勘察、设计、监理等服务的采购,单项合同估算价在 50 万元人民币以上的。

(4)单项合同估算价低于上述 3 项标准,但项目总投资额在 3 000 万元人民币以上的。

招标人可以依法对工程,以及与工程建设有关的货物、服务全部或者部分实行总承包招标。以暂估价形式包括在总承包范围内的工程、货物、服务属于依法必须进行招标的项目范围且达到国家规定规模标准的,应当依法进行招标。所称暂估价,是指总承包招标时不能确定价格而由招标人在招标文件中暂时估定的工程、货物、服务的金额。

此外,省、自治区、直辖市人民政府根据实际情况,可以规定本地区必须进行招标的具体范围和规模标准,但不得缩改及规定确定的必须进行招标的范围。

《房屋建筑和市政基础设施工程施工招标投标管理办法》中规定:房屋建筑和市政基础设施工程(以下简称工程)的施工单项合同估算价在 200 万元人民币以上,或者项目总投资在 3 000 万元人民币以上的,必须进行招标。所谓房屋建筑工程,即为各类房屋建筑及其附属设施和与其配套的线路、管道、设备安装工程及室内外装修工程;所谓市政基础设施工程,即为城市道路、公共交通、供水、排水、燃气、热力、园林、环卫、污水处理、垃圾处理、防洪、地下公共设施及附属设施的土建、管道、设备安装工程。

按照国家有关规定需要履行项目审批、核准手续的依法必须进行招标的项目,其招标范围、招标方式、招标组织形式应当报项目审批、核准部门审批、核准。项目审批、核准部门应当及时将审批、核准确定的招标范围、招标方式、招标组织形式通报有关行政监督部门。

2. 应当实行公开招标的范围

《工程建设项目施工招标投标办法》指出:国务院发展计划部门确定的国家重点建设项目和各省、自治区、直辖市人民政府确定的地方重点建设项目,以及全部使用国有资金投资或者国有资金投资占控股或者主导地位的工程建设项目,应当公开招标。

3. 经批准后可以采用邀请招标的范围

对于强制招标的工程项目,能够满足下列情形之一的,经批准可以进行邀请招标:

(1)技术复杂、有特殊要求或者受自然环境限制,只有少量潜在投标人可供选择。

(2)涉及国家安全、国家秘密或者抢险救灾,适宜招标但不宜公开招标的。

(3)采用公开招标方式的费用占项目合同金额的比例过大。

(4)法律、法规规定不宜公开招标的。

国家重点建设项目的邀请招标,应当经国务院发展计划部门批准;地方重点建设项目的邀请招标,应当经各省、自治区、直辖市人民政府批准。

全部使用国有资金投资或者国有资金投资占控股或者主导地位的,并需要审批、核准手续的工程建设项目的邀请招标,应当报项目审批、核准部门审批、核准。

4. 经批准后可以采用议标的范围

对于强制招标的工程项目,适用议标的工程范围为:

(1)工程有保密性要求的。

(2)施工现场位于偏远地区,且现场条件恶劣,愿意承担此任务的单位少的。

(3)工程专业性、技术性高,有能力承担相应任务的单位有一家,或者虽有少量几家,但从专业性、技术性和经济性角度较其中一家有明显优势的。

(4)工程中所需的技术、材料性质,在专利保护期之内的。

(5)主体工程完成后为发挥整体效能所追加的小型附属工程。

(6)单位工程停建、缓建或恢复建设的。

(7)公开招标或者邀请招标失败,不宜再次公开招标或者邀请招标的工程。

(8)其他特殊性工程。

5. 经批准后可以不进行招标的范围

对于强制招标的工程项目,有下列情形之一的,经有关部门批准后,可以不进行施工招标:

(1)涉及国家安全、国家秘密或者抢险救灾而不适宜招标的。

(2)属于利用扶贫资金实行以工代赈、需要使用农民工的。

(3)施工主要技术需要采用不可替代的专利或者专有技术的。

(4)在建工程追加的附属小型工程或者主体加层工程,原中标人仍具备承包能力的。

(5)采购人依法能够自行建设、生产或者提供。

(6)已通过招标方式选定的特许经营项目投资人依法能够自行建设、生产或者提供。

(7)需要向原中标人采购工程、货物或者服务,否则将影响施工或者功能配套要求。

(8)国家规定的其他特殊情形。

1.3　建筑工程招标投标的主体

招标投标活动中的主要参与者包括招标人、投标人、招标代理机构和政府监督部门。招标投标活动的每一个阶段,一般既要涉及招标人和投标人,同时也需要监督管理部门的参与。

按照《招标投标法》的规定,招标人是指提出招标项目、进行招标的法人或者其他组织。投标人是指响应招标、参加投标竞争的法人或者其他组织。依法招标的科研项目允许个人参加投标的,参加投标的个人适用《招标投标法》有关投标人的规定。

1.3.1　招标人

1. 招标人的分类

招标人分为两类:一是法人;二是其他组织。根据《招标投标法》规定没有将自然人定义为招标人。

法人,是指依法注册登记,具有独立的民事权利能力和民事行为能力,依法享有民事权利和承担民事义务的组织,包括企业法人和机关、事业单位及社会团体法人。

其他组织,是指合法成立、有一定组织机构和财产,但又不具备法人资格的组织。如:依法登记领取营业执照的合伙组织、企业的分支机构等。

2. 招标人具备的条件

法人或者其他组织必须具备依法提出招标项目和依法进行招标两个条件后,才能成为招标人。

(1)依法提出招标项目。

招标人依法提出招标项目,是指招标人提出的招标项目必须符合《招标投标法》第9条规定的两个基本条件:一是招标项目按照国家有关规定需要履行项目审批手续的,应当先履行审批手续,取得批准;二是招标人应当有进行招标项目的相应资金或者资金来源已经落实,并应当在招标文件中如实载明。

(2)依法进行招标。

《招标投标法》对招标、投标、开标、评标、中标和签订合同等程序作出了明确的规定,法人或者其他组织只有按照法定程序进行招标才能称为招标人。

3.招标人的法律责任

招标人的法律责任,是指招标人在招标过程中对其所实施的行为应当承担的法律后果。按照招标人承担责任的不同法律性质,其法律责任分为民事法律责任、行政法律责任和刑事法律责任。

(1)招标人的民事法律责任。

我国现行法律、法规及部门规章中,对招标人的行为规范及其应当承担的法律责任均有所规定,主要体现在《民法通则》、《中华人民共和国合同法》(以下简称《合同法》)、《招标投标法》、《中华人民共和国招标投标法实施条例》(以下简称《招标投标法实施条例》)、《中华人民共和国反不正当竞争法》(以下简称《反不正当竞争法》)等法律规范中。

1)招标人承担民事责任的违法行为。依据《招标投标法》的规定,下列几种行为应属于招标人承担民事法律责任的违法行为:

①招标人向他人透露已获取招标的潜在投标人的名称、数量或者影响公平竞争的有关招标投标的其他情况。

②泄露标底,招标人设有标底的,标底必须保密。

③依法必须进行招标的项目,招标人与投标人就投标价格、投标方案等实质性内容进行谈判的。

④招标人在评标委员会依法推荐的中标候选人以外确定中标人的。

⑤依法必须进行招标的项目在所有投标被评标委员会否决后自行确定中标人的。

⑥招标人不按招标文件和中标人的投标文件订立合同的,或者招标人与中标人订立背离合同实质性内容的协议书。

⑦依法必须进行招标的项目的招标人不按照规定组建评标委员会,或者确定、更换评标委员会成员违反《招标投标法》和《招标投标法实施条例》规定的,违法确定或者更换的评标委员会成员作出的评审结论无效,依法重新进行评审。

⑧招标人不按照规定对异议作出答复,继续进行招标投标活动的,由有关行政监督部门责令改正,拒不改正或者不能改正并影响中标结果的,且不能采取补救措施予以纠正的,招标、投标、中标无效,应当依法重新招标或者评标。

2)招标人承担民事责任的方式。招标人实施上述违法行为影响中标结果的中标无效,招标人应承担中标无效的法律后果:

①责令改正。招标人应承担停止违法行为的法律责任,并应按照法律规定作出相应的补救措施。其改正方式主要有:招标人与中标人重新订立合同;招标人在其余投标人中重新确定中标人;招标人应当重新招标。

②恢复原状、赔偿损失。中标无效的招标人已与中标人签订书面合同的,合同无效,应当恢复原状,因该合同取得的财产,应当予以返还或者没有必要返还的应当折价补偿。有过错的一方应赔偿对方因此所遭受的损失,双方都有过错的,应当承担各自相应的责任。

(2)招标人的行政法律责任。

招标人的行政法律责任是指招标人因违反行政法律规范,而依法应当承担的一种法律责任。目前,我国对于招标人的行为规范及行政责任主要体现在《招标投标法》、《招标投标法实施条例》和一些部门规章之中。

1）招标人承担行政法律责任的违法行为。

①招标人有下列行为之一的,由有关行政监督部门责令改正,可以处 1 万元以上 5 万元以下的罚款:

a. 依法应当公开招标的项目不按照规定在指定媒介发布资格预审公告或者招标公告。

b. 在不同媒介发布的同一招标项目的资格预审公告或者招标公告的内容不一致,影响潜在投标人申请资格预审或者投标。

c. 以不合理的条件限制或者排斥潜在投标人的。

d. 对潜在投标人实行歧视待遇的。

e. 强制要求投标人组成联合体共同投标的。

f. 限制投标人之间竞争的。

②招标人有下列行为之一的,由有关行政监督部门责令限期改正,可以处项目合同金额 0.5% 以上 1% 以下的罚款;对全部或者部分使用国有资金的项目,可以暂停项目执行或者暂停资金拨付;对单位直接负责的主管人员和其他直接责任人员依法给予处分:

a. 依法必须进行招标的项目的招标人不按照规定发布资格预审公告或者招标公告,构成规避招标的。

b. 必须进行招标的项目而不招标的。

c. 将必须进行招标的项目化整为零或者以其他任何方式规避招标的。

③招标人有下列情形之一的,由有关行政监督部门责令改正,可以处 10 万元以下的罚款:

a. 招标文件、资格预审文件的发售、澄清、修改的时限,或者确定的提交资格预审申请文件、投标文件的时限不符合《招标投标法》和《招标投标法实施条例》规定。

b. 依法应当公开招标而采用邀请招标。

c. 接受未通过资格预审的单位或者个人参加投标。

d. 接受应当拒收的投标文件。

招标人有上述 b～c 项所列行为之一的,对单位直接负责的主管人员和其他直接责任人员依法给予处分。

④依法必须进行招标的项目的招标人有下列情形之一的,由有关行政监督部门责令改正,可以处中标项目金额 1% 以下的罚款;对单位直接负责的主管人员和其他直接责任人员依法给予处分:

a. 无正当理由不发出中标通知书。

b. 不按照规定确定中标人。

c. 中标通知书发出后无正当理由改变中标结果。

d. 无正当理由不与中标人订立合同。

e. 在订立合同时向中标人提出附加条件。

⑤依法必须进行招标的项目的招标人向他人透露已获取招标文件的潜在投标人的名称、数量或者可能影响公平竞争的有关招标投标的其他情况的,或者泄露标底的,给予警告,可以并处 1 万元以上 10 万元以下的罚款;对单位直接负责的主管人员和其他直接责任人员依法给予处分。

⑥招标人超过规定的比例收取投标保证金、履约保证金或者不按照规定退还投标保证金及银行同期存款利息的,由有关行政监督部门责令改正,可以处 5 万元以下的罚款。

⑦依法必须进行招标的项目,招标人违反《招标投标法》规定,与投标人就投标价格、投标方案等实质性内容进行谈判的,对单位直接负责的主管人员和其他直接责任人员依法给予处分。

⑧招标人在评标委员会依法推荐的中标候选人以外确定中标人的,依法必须进行招标的项目在所有投标被评标委员会否决后自行确定中标人的,责令改正,可以处中标项目金额0.5%以上1%以下的罚款;对单位直接负责的主管人员和其他直接责任人员依法给予处分。

⑨依法必须进行招标的项目的招标人不按照规定组建评标委员会,或者确定、更换评标委员会成员违反《招标投标法》和《招标投标法实施条例》规定的,由有关行政监督部门责令改正,可以处10万元以下的罚款,对单位直接负责的主管人员和其他直接责任人员依法给予处分。

2)部门规章中对招标人行政法律责任的规定。因为我国招标投标项目涉及各个部门,因此各部门根据《工程建设项目货物招标投标办法》、《工程建设项目招标投标活动投诉处理办法》、《工程建设项目施工招标投标办法》、《评标委员会和评标方法暂行规定》、《房屋建筑和市政基础施工招标管理办法》、《机电产品国际招标投标实施办法》等规定,对招标人行政法律责任均作出了非常明确和具体的规定。

3)招标人承担行政法律责任方式。对招标人在招标投标过程中的违法行为承担行政法律责任的方式主要有:

①警告、责令限期改正。招标人有上述《招标投标法》、《招标投标法实施条例》及部门规章规定的违法行为,情节轻微的可由行政部门有权对招标人发出书面警告,并有权责令限期改正。

②罚款。招标人有上述违法行为的,行政监督部门有权对招标人依据不同规定处以不同数额的罚款,并同时可并处没收违法所得。

③不颁发施工许可证。《房屋建筑和市政基础设施工程施工管理办法》规定,对应予招标未招标的,应予公开招标未公开招标的,县级以上地方人民政府建设行政部门对责令改正而拒不改正的招标人不得颁发施工许可证。

④行政处分。行政处分的对象是招标人单位的直接负责主管人员和其他直接责任人员。

⑤暂停项目执行或者暂停资金拨付。对必须进行招标的项目而不招标的,或是将必须进行招标的项目化整为零,或以其他方式规避招标的,如果招标项目是全部或者部分使用国有资金的,有关行政部门可以暂停该项目的执行或是暂停向该项目拨付资金。

(3)招标人的刑事法律责任。

招标人的刑事法律责任,是指招标人因实施刑法规定的犯罪行为所应承担的刑事法律后果。刑事法律责任是招标人承担的最严重的一种法律后果。

招标人向他人透露招标文件的重要内容或可能影响公平竞争的有关招标投标的其他情况,如泄露评标专家委员会成员的、向他人透露已获取招标文件的潜在投标人的名称、数量的或是泄露标底并造成重大损失的,招标人构成侵犯商业秘密的,处3年以下有期徒刑或者拘役,造成特别严重后果的,处3年以上7年以下有期徒刑,并处罚金。

1.3.2 投标人

1. 投标人的分类及具备的条件

投标人分为三类:一是法人;二是其他组织;三是具有完全民事行为能力的个人,亦称自然人。法人、其他组织和个人必须具备响应招标和参与投标竞争两个条件后,才能成为投标人。

（1）响应招标。

法人或其他组织对特定的招标项目有兴趣,愿意参加竞争,并按合法途径获取招标文件,但这时法人或其他组织还不是投标人,只是潜在投标人。所谓响应招标,是指潜在投标人获得了招标信息,或者投标邀请书后购买招标文件,接受资格审查,并编制投标文件,按照投标人的要求参加投标的活动。

（2）参与投标竞争。

潜在投标人按照招标文件的约定,在规定的时间和地点递交投标文件,对订立合同正式提出要约。潜在投标人一旦正式递交了投标文件,就成为投标人。

2.投标人的资格条件

法人或者其他组织响应招标、参加投标竞争,是成为投标人的一般条件。要想成为合格投标人,还必须满足两项资格条件:一是国家有关规定对不同行业及不同主体投标人的资格条件;二是招标人根据项目本身的要求,在招标文件或资格预审文件中规定的投标人的资格条件。

（1）国家对不同行业及不同主体的投标人资格条件的规定。

《工程建设项目施工招标投标办法》第 20 条中规定了投标人参加工程建设项目施工投标应当具备 5 个条件:

1）具有独立订立合同的权利。

2）具有履行合同的能力,包括专业、技术资格能力,资金、设备和其他物质设施状况,管理能力,经验、信誉和相应的从业人员。

3）没有处于被责令停业,投标资格被取消,财产被接管、冻结,破产状态。

4）在最近 3 年内没有骗取中标和严重违约及重大工程质量问题。

5）法律、行政法规规定的其他资格条件。

《政府采购法》第 22 条中规定了供应商参加政府采购活动应当具备 6 个条件:

1）具有独立承担民事责任的能力。

2）具有良好的商业信誉和健全的财务会计制度。

3）具有履行合同所必需的设备和专业技术能力。

4）有依法缴纳税收和社会保障资金的良好记录。

5）参加政府采购活动前三年内,在经营活动中没有重大违法记录。

6）法律、行政法规规定的其他条件。

（2）招标人在招标文件或资格预审文件中规定的投标人资格条件。

招标人可以根据招标项目本身要求,在招标文件或资格预审文件中,对投标人的资格条件从资质、业绩、能力、财务状况等方面作出一些规定,并依此对潜在投标人进行资格审查。投标人必须满足这些要求,才有资格成为合格投标人,否则,招标人有权拒绝其参与投标。同时,《招标投标法》规定,招标人不得以不合理的条件限制或排斥潜在投标人,以及对潜在投标人实行歧视待遇。

《招标投标法实施条例》第 32 条规定,招标人有下列行为之一的,属于以不合理条件限制、排斥潜在投标人或者投标人:

1）就同一招标项目向潜在投标人或者投标人提供有差别的项目信息。

2）设定的资格、技术、商务条件与招标项目的具体特点和实际需要不相适应或者与合同履行无关。

3）依法必须进行招标的项目以特定行政区域或者特定行业的业绩、奖项作为加分条件或者中标条件。

4）对潜在投标人或者投标人采取不同的资格审查或者评标标准。

5）限定或者指定特定的专利、商标、品牌、原产地或者供应商。

6）依法必须进行招标的项目非法限定潜在投标人或者投标人的所有制形式或者组织形式。

7）以其他不合理条件限制、排斥潜在投标人或者投标人。

（3）投标人不得存在下列情形之一。

1）为招标人不具有独立法人资格的附属机构（单位）。

2）为本招标项目前期准备提供设计或咨询服务的。

3）为本招标项目的监理人。

4）为本招标项目的代建人。

5）为本招标项目提供招标代理服务的。

6）与本招标项目的监理人或代建人或招标代理机构同为一个法定代表人的。

7）与本招标项目的监理人或代建人或招标代理机构相互控股或参股的。

8）与本招标项目的监理人或代建人或招标代理机构相互任职或工作的。

9）被责令停业的。

10）被暂停或取消投标资格的。

11）财产被接管或冻结的。

12）在最近3年内有骗取中标或严重违约或重大工程质量问题的。

3. 对投标人的要求

（1）工程勘察设计投标人。

1）投标人是响应招标、参加投标竞争的法人或者其他组织。投标人应当符合国家规定的资质条件。在我国注册登记，从事建筑、工程服务的国外设计企业参加投标的，必须符合中华人民共和国缔结或者参加的国际条约、协定中所作的市场准入承诺，以及有关勘察设计市场准入的管理规定。

2）以联合体形式投标的，联合体各方应签订共同投标协议，连同投标文件一并提交招标人。联合体各方不得再单独以自己名义，或者参加另外的联合体投同一个标的。

联合体中标的，应指定牵头人或代表，授权其代表所有联合体成员与招标人签订合同，负责整个合同实施阶段的协调工作。但是，需要向招标人提交由所有联合体成员法定代表人签署的授权委托书。

3）投标人不得以他人名义投标，也不得利用伪造、转让、无效或者租借的资质证书参加投标，或者以任何方式请其他单位在自己编制的投标文件上代为签字盖章，损害国家利益、社会公共利益和招标人的合法权益。

4）投标人不得通过故意压低投资额、降低施工技术要求、减少占地面积，或者缩短工期等手段弄虚作假、骗取中标。

（2）工程施工监理投标人。

工程施工监理投标人应当具备相应的工程设备监理资质。非本市工程设备监理机构需到市质量技术监督局备案，并取得相应工程设备监理资质。

国家有关规定对投标人资格条件或者招标文件对投标人资格条件有规定的，投标人应当具备规定的资格条件。

（3）设备、材料投标人。

1）投标规定法定代表人为同一个人的两个及两个以上法人，母公司、全资子公司及其控股公司，都不得在同一货物招标中同时投标。

一个制造商对同一品牌同一型号的货物，仅能委托一个代理商参加投标，否则应作废标处理。

2）联合体投标。

①两个以上法人或者其他组织可以组成一个联合体，以一个投标人的身份共同投标。联合体各方签订共同投标协议后，不得再以自己名义单独投标，也不得组成或参加其他联合体在同一项目中投标；否则以作废标处理。

②联合体各方应当在招标人进行资格预审时，向招标人提出组成联合体的申请。没有提出联合体申请的，资格预审完成后，不得组成联合体投标。招标人不得强制资格预审合格的投标人组成联合体。

4. 投标人的法律责任

所谓投标人的法律责任，是指投标人在投标过程中对其所实施的行为应当承担的法律后果。按照投标人承担责任的不同法律性质，其法律责任可分为民事法律责任、行政法律责任和刑事法律责任。

（1）投标人的民事法律责任。

投标人的民事责任，是指投标人因不履行法定义务或违反合同而依法应当承担的民事法律后果。目前，我国对于投标人的行为规范主要体现在《民法通则》、《合同法》、《招标投标法》、《反不正当竞争法》等法律规范中。

投标人承担民事责任的主要方式表现为：中标无效、承担赔偿责任、转让无效、分包无效、履约保证金不予退回等。

1）中标无效的民事责任。《招标投标法》第 53 条中规定："投标人相互串通投标或者与招标人串通投标的，投标人以向招标人或者评标委员会成员行贿的手段谋取中标的，中标无效。"

《招标投标法》第 54 条中规定："投标人以他人名义投标或者以其他方式弄虚作假，骗取中标的，中标无效。"

《反不正当竞争法》第 27 条中规定："投标者串通投标、抬高标价或者压低标价；投标者相互勾结，以排挤竞争对手的公平竞争的，其中标无效。"

2）赔偿损失的民事法律责任。《招标投标法》第 54 条中规定："投标人以他人名义投标或者以其他方式弄虚作假，骗取中标的，给招标人造成损失的，依法承担赔偿责任。"

《招标投标法实施条例》第 77 条规定：投标人或者其他利害关系人捏造事实、伪造材料或者以非法手段取得证明材料进行投诉，给他人造成损失的，依法承担赔偿责任。

3）转让无效、分包无效的民事法律责任。《招标投标法》第 58 条规定：中标人将中标项目转让给他人的,将中标项目肢解后分别转让给他人的,违反本法规定将中标项目的部分主体、关键性工作分包给他人的,或者分包人再次分包的,转让、分包无效。

4)履约保证金不予退还的民事法律责任。根据《招标投标法》第60条规定:中标人不履行与招标人订立的合同的,履约保证金不予退还,给招标人造成的损失超过履约保证金数额的,还应当对超过部分予以赔偿;没有提交履约保证金的,应当对招标人的损失承担赔偿责任。

(2)投标人的行政法律责任。

投标人的行政责任是指投标人因违反行政法律规范,而依法应当承担的法律后果。投标人承担行政责任的主要方式有:警告、罚款、没收非法所得、责令停业、取消投标资格及吊销营业执照。

1)《招标投标法》中关于投标人承担行政法律责任方式的规定。

①投标人相互串通投标或者与招标人串通投标的,投标人以向招标人或者评标委员会成员行贿的手段谋取中标的,处中标项目金额0.5%以上1%以下的罚款,对单位直接负责的主管人员和其他直接责任人员处单位罚款数额5%以上10%以下的罚款;有违法所得的,并处没收违法所得;情节严重的,取消其1~2年内参加依法必须进行招标项目的投标资格并予以公告,或由工商行政管理机关吊销营业执照。由有关行政监督部门取消对单位的罚款金额按照招标项目合同金额依照招标投标法规定的比例计算。

投标人有下列行为之一的,属于上述情节严重行为:

a.以行贿谋取中标。

b.3年内两次以上串通投标。

c.串通投标行为损害招标人、其他投标人或者国家、集体、公民的合法利益,造成直接经济损失30万元以上。

d.其他串通投标情节严重的行为。

投标人自b规定的处罚执行期限届满之日起3年内又有该款所列违法行为之一的,或者串通投标、以行贿谋取中标情节特别严重的,由工商行政管理机关吊销营业执照。

法律、行政法规对串通投标报价行为的处罚另有规定的,从其规定。

②投标人以他人名义投标或者以其他方式弄虚作假,骗取中标的,依法必须进行招标的项目的投标人所列行为尚未构成犯罪的,处中标项目金额5%以上10%以下的罚款,对单位直接负责的主管人员和其他直接责任人员处单位罚款数额5%以上10%以下的罚款;有违法所得的,并处没收违法所得;情节严重的,取消其1~3年内参加依法必须进行招标的项目的投标资格并予以公告,直至由工商行政管理机关吊销营业执照。依法必须进行招标的项目的投标人未中标的,对单位的罚款金额按照招标项目合同金额依照招标投标法规定的比例计算。

投标人有下列行为之一的,属于上述情节严重行为:

a.伪造、变造资格、资质证书或者其他许可证件骗取中标。

b.3年内两次以上使用他人名义投标。

c.弄虚作假骗取中标给招标人造成直接经济损失30万元以上。

d.其他弄虚作假骗取中标情节严重的行为。

投标人自b规定的处罚执行期限届满之日起3年内又有该款所列违法行为之一的,或者弄虚作假骗取中标情节特别严重的,由工商行政管理机关吊销营业执照。

③标者串通投标、抬高标价或者压低标价;投标者相互勾结,排挤竞争对手的公平竞争的。监督检查部门可以根据情节处1万元以上20万元以下的罚款。

④出让或者出租资格、资质证书供他人投标的,依照法律、行政法规的规定给予行政处罚。

2)部门规章中关于投标人承担行政法律责任行为和方式的规定。招标投标过程中投标人因违法行为应承担相应的行政责任,根据《工程建设项目货物招标投标办法》、《工程建设项目招标投标活动投诉处理办法》、《工程建设项目施工招标投标办法》、《评标委员会和评标方法暂行规定》、《机电产品国际招标投标实施办法》、《机电产品国际招标机构资格审定办法》等规定,对投标人行政法律责任均作出了非常明确和具体的规定。

投标人在招标投标过程中,因违法行为所应承担的行政法律责任的方式有:

①警告。

②对单位责令停业整顿。

③有违法所得的并处没收违法所得。

④吊销营业执照。

⑤罚款,对违法行为的罚款的处罚是双罚制,即处罚违法的单位也处罚单位的直接负责的主管人员。

⑥取消参与投标的资格,根据其违法人员的违法行为取消其参与投标的资格时间从1年到3年不等,但如果中标人有不履行与招标人订立合同的情况,其处罚参与投标的资格期限比其他违法行为要更为严厉,其取消参与投标的最低期限为2年,最高的期限为5年。

⑦没收投标保证金。

⑧对其违法行为进行公告等。

(3)投标人的刑事法律责任。

投标人的刑事法律责任是指投标人因实施刑法规定的犯罪行为所应承担的刑事法律后果,刑事法律责任是投标人承担的最严重的一种法律后果。

(1)承担串通投标罪的刑事责任。

投标人相互串通投标报价,损害招标人或者其他招标人利益的,情节严重的,处3年以下有期徒刑或者拘役,并处或单处罚金。投标人与招标人串通投标,损害国家、集体、公民合法权益的,处3年以下有期徒刑或者拘役,并处或单处罚金。

(2)承担合同诈骗罪的刑事责任。

投标人以非法占有为目的,在签订、履行合同过程中实施骗取对方当事人财物,数额较大的,处3年以下有期徒刑或者拘役,并处或者单处罚金;数额巨大或者有其他严重情节的,处3年以上10年以下有期徒刑,并处罚金;数额特别巨大或者有其他特别严重情节的,处10年以上有期徒刑或者无期徒刑,并处罚金或者没收财产。

(3)承担行贿罪的刑事责任。

投标人向招标人或者评标委员会成员行贿,构成犯罪的,处3年以下有期徒刑或者拘役。单位犯前款罪的,对单位判处罚金,并对其直接负责的主管人员和其他直接责任人员,依照前款的规定处罚。

1.3.3　招投标代理机构

20 世纪 80 年代初,我国开始利用世界银行贷款进行建设。按照世界银行的要求,采购必须实行招标投标,由于当时许多项目单位对招标投标知之甚少,缺乏专门人才和技能,故此,为满足项目单位的需要而从事招标代理业务的机构应运而生。

目前,我国拥有工程建设项目招标、进口机电设备招标、政府采购招标、中央投资项目招标等方面的专职招标代理机构。这些招标代理机构作为专职机构,拥有专业的人才和较丰富的招标经验,能为招标人提供招标采购代理服务,对促进我国招标投标事业的发展起到了积极的推动作用。

《招标投标法》第 13 条规定:招标代理机构是依法设立、从事招标代理业务并提供相关服务的社会中介组织。

招标代理机构应当具备下列条件:

(1)有从事招标代理业务的营业场所和相应资金。

(2)有能够编制招标文件和组织评标的相应专业力量。

(3)有符合《招标投标法》第 37 条第三款规定条件、可以作为评标委员会成员人选的技术、经济等方面的专家库。"

这里明确了招标代理机构的主题概念和法律地位,以及机构成立的三大要件。

在我国,所谓中介组织,根据服务对象其组织性质可以是事业单位,也可以是企业,如各省成立的政府采购中心承担国家及事业单位和社会团体的财政性资金采购,体现了"公法"涵盖的意义,属于非营利事业单位。但在招标领域内,招标代理机构要求必须是企业。

1. 招标代理机构的职责

招标代理机构在代理业务中的工作任务和所承担责任,《招标投标法》第 15 条规定,招标代理机构应当在招标人委托的范围内办理招标事宜,并遵守关于招标人的规定。据此,《工程建设项目施工招标投标办法》进一步规定,招标代理机构可以在其资格等级范围内承担下列招标事宜:

(1)拟订招标方案。

招标方案的内容一般包括:建设项目的具体范围、拟招标的组织形式、拟采用的招标方式。上述问题确定后,还应包括制订招标项目的作业计划,包括招标流程、工作进度安排、项目特点分析和解决预案等。

招标实施之前,招标代理机构凭借自身的经验,根据项目的特点,有针对性地制订周密和切实可行的招标方案,提交给招标人,使招标人能事先了解整个招标过程的情况,以便给予很好的配合,保证招标方案的顺利实施。招标方案对整个招标过程起着重要的指导作用。

(2)编制和出售资格预审文件、招标文件。

招标代理机构最重要的职责之一就是编制招标文件。招标文件是招标过程中必须遵守的法律性文件,是投标人编制投标文件、招标代理机构接受投标、组织开标、评标委员会评标、招标人确定中标人和签订合同的依据。招标文件编制的优劣将直接影响到招标的质量和招标的成败,也是体现招标代理机构服务水平的重要标志。如果项目需要,招标代理机构还要编制资格预审文件。招标文件经招标人确认后,招标代理机构方可对外发售。招标文件发出后,招标代理机构还要负责有关澄清和修改等工作。

（3）审查投标人资格。

招标代理机构负责组织资格审查委员会或评标委员会,根据资格预审文件或招标文件的规定,审查潜在投标人或投标人资格。审查投标人资格分为资格预审和资格后审两种方式。资格预审是在投标前对潜在投标人进行的资格审查;资格后审一般是在开标后对投标人进行的资格审查。

（4）编制标底。

如果是工程建设项目,招标代理机构受招标人的委托,还应编制标底和工程量清单。招标代理机构应按国家颁布的法规、项目所在地政府管理部门的相关规定,编制工程量清单和标底,并负有对标底文件保密的责任。

（5）组织投标人踏勘现场。

根据招标项目需要和招标文件规定,招标代理机构可组织潜在投标人或投标人踏勘现场、收集他们提出的问题,编制答疑会议纪要或补遗文件,发给所有招标文件的收受人。

（6）接受投标,组织开标,评标,协助招标人定标。

招标代理机构应按招标文件的规定,接受投标,组织开标、评标等工作。根据评标委员会的评标报告,协助招标人确定中标人,并向中标人发出中标通知书,向未中标人发出招标结果通知书。

（7）草拟合同。

招标代理机构可以根据招标人的委托,依据招标文件和中标人的投标文件拟订合同,组织或参与招标人和中标人进行合同谈判,签订合同。

（8）招标人委托的其他事项。

根据实际工作需要,有些招标人委托招标代理机构负责合同的执行、货款的支付、产品的验收等工作。一般情况下,招标人委托的招标代理机构承办所有事项,都应当在委托协议或委托合同中明确规定。

2. 招标代理机构的资格

《招标投标法》第 13 条规定,"招标代理机构应当具备下列资格条件:(一)有从事招标代理业务的营业场所和相应资金;(二)有能够编制招标文件和组织评标的相应专业力量;(三)有符合法定条件、可以作为评标委员会成员人选的技术、经济等方面的专家库。"

（1）有从事招标代理业务的营业场所和相应资金。

在招标过程中,招标人和投标人都要与招标代理机构频繁联系,招标代理机构拥有固定的营业场所,是与招标人和投标人进行联系的必要条件,也是自身开展代理业务的必需物质基础。招标投标是一种经济活动,招标代理机构为开展业务的需要,还应具有一定的资金支持。有关主管部门在认定招标代理机构资格时,均会要求其必须具备一定的注册资金,具体数额是:

1）中央投资项目招标代理机构资格对注册资本金的要求,甲级不少于 800 万元人民币,乙级不少于 300 万元人民币。

2）工程建设项目招标代理机构资格对注册资本金的要求,甲级不少于 200 万元,乙级不少于 100 万元。

3）机电产品国际招标代理机构资格对注册资本金的要求,甲级需在 1 000 万元以上。

4）政府采购代理机构资格对注册资本金的要求,甲级 400 万元以上,乙级 50 万元以上。

（2）具备编制招标文件和组织评标的相应专业力量。

体现招标代理机构编制招标文件和组织评标的相应专业力量主要有两个方面，一是人员，二是业绩。有关主管部门在认定招标代理机构资格时，均对其人员和业绩提出具体要求。

1）中央投资项目招标代理机构资格在人员和业绩方面要求：

①在人员方面的要求。中央投资项目招标代理机构，甲级不少于 50 人，乙级不少于 30 人；要求招标代理机构的招标专业人员中，具有中级及中级以上职称的技术人员，甲级不少于 70%，乙级不少于 60%。

②在业绩方面的要求。中央投资项目招标代理机构资格甲级近 5 年从事过的招标代理项目个数在 300 个以上，中标金额累计在 50 亿元人民币（以中标通知书为依据）以上。乙级近 3 年从事过的招标代理项目个数在 100 个以上，中标金额累计在 15 亿元人民币以上。

2）工程建设项目招标代理机构资格在人员和业绩方面要求：

①在人员方面的要求。工程建设项目甲级招标代理机构必须具有中级以上职称的工程招标代理机构专职人员不少于 20 人，其中具有工程建设类注册执业资格人员不少于 10 人（其中注册造价工程师不少于 5 人），从事工程招标代理业务 3 年以上的人员不少于 10 人。

工程建设项目乙级招标代理机构必须具有中级以上职称的工程招标代理机构专职人员不少于 12 人，其中具有工程建设类注册执业资格人员不少于 6 人（其中注册造价工程师不少于 3 人），从事工程招标代理业务 3 年以上的人员不少于 6 人。

工程建设项目招标代理机构的技术经济负责人为本机构专职人员，具有高级技术经济职称和工程建设类注册执业资格，并具有从事工程管理的经验，甲级的要求 10 年以上，乙级的要求 8 年以上。

②在业绩方面的要求。工程建设项目招标代理机构近 3 年内累计工程招标代理中标达一定金额（以中标通知书为依据），甲级在 16 亿元人民币以上，乙级在 8 亿元人民币以上。

3）机电产品国际招标代理机构资格在人员和业绩方面要求：

①在人员方面的要求。机电产品国际招标代理机构，预乙级具有中级职称以上的专职招标人员不得少于从事招标业务人员总数的 70%。

②在业绩方面的要求。机电产品国际招标代理机构，预乙级应具有 3 年以上机电产品国内招标经验，且近 3 年年均机电产品国内公开招标业绩在 2 亿元以上；或从事 3 年以上外贸经营业务，且近 3 年年均机电产品进出口总额在 6 亿美元以上。

机电产品国际招标代理机构年度的业绩标准为：甲级 8 000 万美元以上，乙级 5 000 万美元以上，预乙级 3 000 万美元以上。达不到上述标准的将予以降级或者是取消资格。

预乙级、乙级机电产品国际招标代理机构在参加年度资格审核时，符合以下条件之一的，可以提出升级申请，经商务部审核批准，其国际招标资格等级可以升为甲级：

乙级机电产品国际招标代理机构年度招标业绩为 1 亿美元以上，并且注册资金在 1 000 万元以上的。

乙级机电产品国际招标代理机构自获得乙级国际招标资格 2 年内业绩累计达到 1.8 亿美元以上，并且注册资金在 1 000 万元以上的。

乙级机电产品国际招标代理机构自获得乙级国际招标资格 3 年内业绩累计达到 2.5 亿美元以上，并且注册资金在 1 000 万元以上的。

预乙级机电产品国际招标代理机构年度招标业绩达到 2 亿美元以上，并且注册资金在

1 000万元以上的。

预乙级机电产品国际招标代理机构在参加年度资格审核时,年度招标业绩达到5 000万美元以上的,可以提出升级申请,经商务部审核批准,其国际招标资格等级可以升为乙级。

4)政府采购代理机构资格在人员和业绩方面要求:

①在人员方面的要求。政府采购代理机构具有参加过规定的政府采购培训,熟悉政府采购法律、法规、规章制度和采购代理业务的法律、经济和技术方面的专业人员,其中,甲级技术方面专业人员具有中专以上学历不得少于职工总数70%,具有高级职称人员不得少于职工总数20%;乙级技术方面专业人员具有中专以上学历不得少于职工总数50%,具有高级职称人员不得少于职工总数10%。

②政府采购代理机构资格对业绩没有明确要求。

(3)有符合法定条件、可以作为评标委员会成员人选的技术、经济等方面的专家库。

招标代理机构必须有自己的专家库,人选的专家必须符合《招标投标法》第37条中规定的条件。中央投资项目招标代理机构的评标专家库专家人数,甲级在800人以上,乙级在500人以上。

3. 招标代理机构的选择

有关工程建设项目主管部门在项目可行性研究报告审批、核准、备案的同时确定了该项目的招标组织形式,即自主招标或委托招标。如果委托招标,依据《招标投标法》第12条的有关规定:"招标人有权自行选择招标代理机构,委托其办理招标事宜。任何单位和个人不得以任何方式为招标人指定招标代理机构。"

在招标实践中,如何选择称职的招标代理机构是招标人普遍关心的问题。一般来讲,招标人采用竞争方式选择招标代理机构的,应当从业绩、信誉、从业人员素质、服务方案等方面进行考察。上述四个方面招标业绩体现了招标代理机构在某领域的经验,招标代理最大的优势就是经验的多次总结和重复使用,经验可以弥补招标人由于信息不对称造成的行为困惑,帮助招标人在完成项目时减少失误。

招标代理的作用不仅是帮助招标人通过组织招标活动在保证质量、进度的前提下,显著节约了资金,这是社会和大家公认的。其实,招标代理更重要的作用体现在其编制的招标文件中合同条款的规范性、科学性和预见性为招标人在合同执行中避免了很多不必要的纠纷,有效地防范了风险,有时,这些工作产生的经济效益甚至远远超过了招标时节约的这部分资金,这是经验和知识产生的效益。

当然,招标代理机构必须在资质范围内进行代理。有关行政主管部门在认定招标代理机构资格时,主要审查其相关代理业绩、信用状况、从业人员素质以及结构等内容。

1.4　建筑工程招标投标程序

1.4.1　招标投标程序的基本构成

招标投标的基本程序是由招标、投标、开标、评标、定标、签订合同六大部分组成的。工程建设项目的勘察、设计、施工、监理以及与其有关的重要设备、材料的招标,尽管标的不同,招标类型不一,程序流程有长有短、内容有多有少,具体要求与操作方式也有所差别,但国内外招标投标工作的实践已经证明,它的基本程序还都是由这六大部分构成的。

1. 招标

招标是招标人单独所做的行为。在这一环节,招标人所要经历的步骤主要有:组织招标机构、编制招标文件(需要标底的要确定标底)、发布招标公告或发出招标邀请、投标资格预审、通知合格的投标人参加投标并向其发售招标书、组织现场考察、召开标前会议等。这些工作主要由招标人组织进行。

2. 投标

投标是投标人单独所做的行为。在这一环节,招标人所要经历的步骤因具体招标项目的不同特点和招标人的要求而定,主要有:在招标人所在地注册(备案)、筹措资金、申请投标资格、购买标书(获得投标资格后)、考察现场、办理投标保函、算标、编制和投送投标文件等。

3. 开标

开标是招标机构在预先规定的时间和地点将各投标人的投标文件正式启封揭晓的行为。开标由招标人组织进行,但须邀请各投标人代表参加。在这一环节,招标人要按有关要求,逐一揭开每份投标文件的封套,公开宣布投标人的名称、投标价格及投标文件中的其他主要内容。公开开标结束后,还应由开标组织整理一份开标会议纪要。

4. 评标

评标是招标人确定的评标委员会根据招标文件的要求,对所有投标文件进行评估、排序,并推荐出中标候选人的行为。评标是招标人的单独行为,由招标组织进行。在这一环节,招标人所要经历的步骤主要有:审查标书是否符合招标文件的要求和有关惯例,组织人员对所有标书按照一定方法进行比较和评价,就初评阶段被选出的几份标书中存在的某些问题要求投标人加以澄清,最终评定并写出评标报告等。

5. 定标

定标也称决标,是指招标人在评标的基础上,最终确定中标人,或者授权评标委员会直接确定中标人的行为。定标对招标人而言,是授标;对投标人而言,则是中标。定标也是招标人的单独行为。这一环节,招标人所要经过的步骤主要有:裁定中标人,通知中标人其投标已被接受,向中标人发出中标通知书,通知所有未中标的投标人,并向他们退还投标保函等。

6. 签订合同

签订合同习惯上也称授予合同,因为它实际上是由招标人将合同授予中标人并由双方签署的行为。签订合同是购货人或业主与中标的承包商双方共同的行为。在这一阶段,通常先由双方进行签订合同前的谈判,就投标文件中已有的内容再次确认,对投标文件中未涉及的一些技术性和商务性的具体问题达成一致意见后,由双方授权代表在合同上签署,合同随即生效。为保证合同履行,签订合同后,中标的承包者还应向购货人或业主提交一定形式的担保书或担保金。

1.4.2 招标投标程序的流程图

建筑工程已经形成了一套相对固定的投标招标程序,按国际惯例,国际竞争性招标的基本流程如图 1.1 所示。

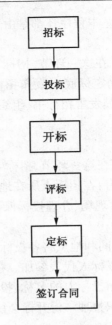

图 1.1　招标投标流程图

1.4.3　招标投标程序的管理

1. 招标

(1)需要办理审批、核准、备案手续的规定。

1)依法必须招标的项目应当依据 2004 年《国务院关于投资体制改革的决定》等相关文件的要求办理审批、核准和备案手续。同时依据国家发改委颁布的《工程建设项目可行性研究报告增加招标内容和核准招标事项暂行规定》(2001 年 9 号令),凡应报送项目审批部门审批的,必须在报送的项目可行性研究报告中增加有关招标的内容。具体包括:招标范围、招标组织形式(自主招标或委托招标)、招标方式(公开、邀请)、招标金额等。

2)商务部颁布的《机电产品国际招标投标实施办法》(2004 年 13 号令)规定在网上完成招标项目建档、招标文件备案、招标公告发布、评审专家抽取、评标结果公示、质疑处理等相关程序。

3)建设部等国家有关部门规章要求的报建、备案等手续。

(2)招标环节的主要规则。

1)制定招标方案:依法必须招标的项目,招标人在国家有关部门审批、核准、备案的项目及其招标范围内,采用经审批、核准、备案的招标组织形式、招标方式制定招标方案,采用委托招标时,自主选择招标代理机构,办理委托代理事宜。

2)发布招标公告(资格预审公告):招标公告的发布方式、媒介和时间要符合原国家计委 2000 年颁布的《招标公告发布暂行办法》(4 号令)和省级发改委有关规定的要求。

国家计委《招标公告发布暂行办法》(4 号令)第 9 条规定:"招标人或委托的代理机构应至少在一家指定的媒介发布招标公告。指定报纸在发布招标公告的同时,应将招标公告如实抄送指定网络。"在不同媒介发布的同一招标项目资格预审公告或者招标公告的内容应当一致。指定媒介发布依法必须进行招标的项目在境内资格预审公告、招标公告,不得收取费用。第20条规定:"各地方人民政府依照审批权限对依法必须招标的民用建筑项目的招标公告可在省、自治区、直辖市人民政府发展计划部门指定的媒介发布。"

同时强调在信息网络上发布的招标公告,至少应当持续到招标文件发出截止时间为止。

3)对投标人资质(资格)审查:依据《招标投标法》招标人可以"要求潜在投标人提供有关资质证明文件和业绩情况,并对潜在投标人进行资格审查;"这些内容招标人应在招标公告或投标人须知中载明。《招标投标法》第40条提出资格审查的要求在招标实践中依据有关部门规章被分为资格预审和资格后审。资格预审和资格后审以开标为界线,开标前的审查称之为预审,审查主体是招标人;开标后的审查称之为后审,审查主体是评标委员会。

4)编制招标文件(含资格审查文件)。招标文件的主要内容:技术要求、资格审查标准、投标报价要求、评标办法和合同主要条款。

标段划分方案要考虑科学、合理、方便投标、评标和合同的组织实施。

招标文件中不得有歧视性、排他性条款,技术条款的设置应保证潜在投标人能够形成竞争。

招标文件是招标投标活动中的纲领性文件。编制依法必须进行招标的项目的资格预审文件和招标文件,应当使用国务院发展改革部门会同有关行政监督部门制定的标准文本。

5)组建评标委员会:评标委员会是《招标投标法》体现"公法"内涵明确规定的行使国家公权力、承担依法必须招标项目评标工作的专门机构,其内容在《招标投标法》中"开标、评标、中标"的第37条予以规定,但这些工作是在开标前招标环节应当做的。

原国家计委、国家经贸委、建设部、铁道部、交通部、信息产业部、水利部七部委颁布的《评标委员会和评标方法暂行规定》和有关部门规章对此做了具体规定。

6)确定投标人编制投标文件所需要的合理时间,从出售招标文件至开标时间不少于20日,若修改招标文件,修改通知发出之日至开标时间不少于15日。

7)其他事项:在招标环节中还有对招标人组织踏勘现场、对投标人名单、标底等保密和关于招标文件澄清修改等三项规定。有关法规还对工程总承包招标、两阶段招标作出要求。

8)依据《招标投标法》和《工程建设项目施工招标投标办法》中对招标无效做出如下规定:

招标人或者招标代理机构有下列情形之一情节严重的(所谓情节严重是指在实质上影响了招标结果的公平),招标无效:

①未在指定的媒介发布招标公告的。

②邀请招标不依法发出投标邀请书的。

③自招标文件或资格预审文件出售日起至停止出售日,少于5个工作日的。

④依法必须招标的项目,自招标文件开始发出之日起至提交投标文件截止之日止,少于20日的。

⑤应当公开招标而不公开招标的。

⑥不具备招标条件而进行招标的。

⑦应当履行核准手续而未履行的。

⑧不按项目审批部门核准内容进行招标的。

⑨在提交投标文件截止时间后接收投标文件的。

⑩投标人数量不符合法定要求不重新招标的。

（3）终止招标。

除因不可抗力或者其他非招标人的原因取消招标项目外，招标人不得在发布资格预审公告、招标公告后或者发出投标邀请书后擅自终止招标。

终止招标的，招标人应当及时通过原公告媒介发布终止招标的公告，或者以书面形式通知已经获取资格预审文件、招标文件的潜在投标人；已经发售资格预审文件、招标文件或者是已经收取投标保证金的，招标人应当及时退还所收取的资格预审文件、招标文件的费用，以及所收取的投标保证金及银行同期存款利息。

2. 投标

《招标投标法》第28条规定："投标人应当在招标文件要求提交投标文件的截止时间前，将投标文件送达投标地点。招标人收到投标文件后，应当签收保存，不得开启。投标人少于三个的，招标人应当依照本法重新招标。"

（1）其中第三个"应当"既是行为条件也是重要的规则。投标文件有下列情形之一的，招标人应当拒收：

1）逾期送达的或者未送达指定地点的。

2）未密封或者未按招标文件要求密封的。

3）未通过资格预审的申请人提交的。

招标人应当如实记载投标文件的送达时间和密封情况，并存档备查。

（2）投标人关于补充、修改、撤回投标文件的规定：在投标截止时间前，以书面形式告知招标人。

（3）投标人对部分非主体、非关键部分的分包应在投标文件中注明。

（4）联合体投标的各方依据协议分工在各专业资格要求中符合项目要求。

（5）国家有关法规对投标人限制的规定。

（6）有下列情形之一的，投标无效：

1）招标人应当在资格预审公告、招标公告或者投标邀请书中载明是否接受联合体投标。招标人接受联合体投标并进行资格预审的，联合体应当在提交资格预审申请文件前组成。资格预审后联合体增减、更换成员的，其投标无效。

2）联合体各方在同一招标项目中以自己名义单独投标或者参加其他联合体投标的，相关投标均无效。

3）投标人发生合并、分立、破产等重大变化的，应当及时以书面形式告知招标人。投标人不再具备资格预审文件、招标文件规定的资格条件或者其投标影响招标公正性的，其投标无效。

4）与招标人存在利害关系可能影响招标公正性的法人、其他组织或者个人参加的投标，其投标无效。

5）单位负责人为同一人或者存在控股、管理关系的不同单位，参加同一标段投标或者未划分标段的同一招标项目投标，其投标无效。

（7）《中华人民共和国招标投标实施条例》第39条中规定，禁止投标人相互串通投标。有下列情形之一的，属于投标人相互串通投标：

1）投标人之间协商投标报价等投标文件的实质性内容。

2）投标人之间约定中标人。

3）投标人之间约定部分投标人放弃投标或者中标。

4）属于同一集团、协会、商会等组织成员的投标人按照该组织要求协同投标。

5）投标人之间为谋取中标或者排斥特定投标人而采取的其他联合行动。

（8）《中华人民共和国招标投标实施条例》第40条中规定,有下列情形之一的,视为投标人相互串通投标:

1）不同投标人的投标文件由同一单位或者个人编制。

2）不同投标人委托同一单位或者个人办理投标事宜。

3）不同投标人的投标文件载明的项目管理成员为同一人。

4）不同投标人的投标文件异常一致或者投标报价呈规律性差异。

5）不同投标人的投标文件相互混装。

6）不同投标人的投标保证金从同一单位或者个人的账户转出。

（9）《中华人民共和国招标投标实施条例》第41条中规定,有下列情形之一的,属于招标人与投标人串通投标:

1）招标人在开标前开启投标文件并将有关信息泄露给其他投标人。

2）招标人直接或者间接向投标人泄露标底、评标委员会成员等信息。

3）招标人明示或者暗示投标人压低或者抬高投标报价。

4）招标人授意投标人撤换、修改投标文件。

5）招标人明示或者暗示投标人为特定投标人中标提供方便。

6）招标人与投标人为谋求特定投标人中标而采取的其他串通行为。

3. 开标

（1）开标时间、地点。

《招标投标法》第34条规定:"开标应当在招标文件确定的提交投标文件截止时间的同一时间公开进行;开标地点应当为招标文件中预先确定的地点。"

（2）开标主持人。

《招标投标法》第35条规定:"开标由招标人主持,邀请所有投标人参加。"投标人未派代表参加开标的,视为默认开标结果。

（3）开标会议程序。

1）《招标投标法》第36条规定了开标的基本程序:

开标时,由投标人或者其推选的代表检查投标文件的密封情况,也可以由招标人委托的公证机构检查并公证,经确认无误后,由工作人员当众拆封,宣读投标人名称、投标价格和投标文件的其他主要内容。

投标人检查投标文件的密封状况的目的是检查招标人对招标文件保管的责任。

招标人在招标文件要求提交投标文件的截止时间前收到的所有投标文件,开标时都应当众予以拆封、宣读。开标过程应当记录,并存档备查。

2）有关部门根据行业特点还有具体要求:

对设有标底的,应当按照招标文件要求当场公布;有标底或需要合成标底公开抽签决定并宣布。

评标标准和评标方法应当按照招标文件的要求予以公开。凡是违背招标文件规定的标准和方法都是非法的。

4. 评标

（1）评标环境。

《招标投标法》第 38 条规定："招标人应当采取必要的措施,保证评标在严格保密的情况下进行。任何单位和个人不得非法干预、影响评标的过程和结果。"

招标人应当向评标委员会提供评标所必需的重要信息和数据,并根据项目规模和技术复杂程度等确定合理的评标时间,超过三分之一的评标委员会成员认为评标时间不够的,招标人应适当延长。必要时可向评标委员会说明招标文件有关内容,但不得以明示或者暗示的方式偏袒或者排斥特定投标人。

（2）评标程序。

1）《招标投标法》第 39 条规定："评标委员会可以要求投标人对投标文件中含义不明确的内容作必要的澄清或者说明,但是澄清或者说明不得超出投标文件的范围或者改变投标文件的实质性内容。"

2）《招标投标法》第 40 条规定："评标委员会应当按照招标文件确定的评标标准和方法,对投标文件进行评审和比较;设有标底的,应当参考标底。评标委员会完成评标后,应当向招标人提出书面评标报告,并推荐合格的中标候选人。"

5. 中标（定标）

中标（定标）环节包括两个步骤,第一步是招标人依据评标报告和其他必要程序确定中标人发出中标通知书,称为中标,中标通知书发出后表示预约合同成立并生效;第二步在此基础上,经过对预约合同条款的疏理覆盖和细节的补充完善后,签订书面合同表示本约合同成立并生效,称为定标。

中标环节的规则如下:

（1）关于中标程序。

《招标投标法》第 40 条规定："……招标人根据评标委员会提出的书面评标报告和推荐的中标候选人确定中标人。招标人也可以授权评标委员会直接确定中标人。国务院对特定招标项目的评标有特别规定的,从其规定。"

招标人确定中标人是一项严肃的系统工作。为体现公平,拟中标人应当在有关媒介发布公示,为体现诚实信用,必要时可以对拟中标人进行履约能力的审核,之后发出中标通知书。这部分工作与定标紧密相连,是招投标工作公开、公正、公平、诚实信用的集中体现,当然也应是行政监督的重点。有关监督细节将在结果管理章节中进一步介绍。

（2）中标条件。

《招标投标法》第 41 条规定,中标人的投标应当符合下列条件之一:

1）能够最大限度地满足招标文件中规定的各项综合评价标准。

2）能够满足招标文件的实质性要求,并且经评审的投标价格最低,但是投标价格低于成本的除外。

（3）中标前对招标人的约束规定。

《招标投标法》第 43 条规定："在确定中标人前,招标人不得与投标人就投标价格、投标方案等实质性内容进行谈判。"这绝不意味着在确定中标人后,招标人可以就上述问题与中标人谈判,因为法律同时规定了签订合同的有关约束条件。

（4）中标的时间要求。

《招标投标法》对定标时间没有具体规定。但《工程建设项目施工招标投标办法》和《工程建设项目货物招标投标办法》规定：定标的时间应符合有关规定，如需延期，应按规定程序办理相关手续，评标和定标应当在投标有效期结束后30个工作日前完成。如需延长，应征得投标人同意。

（5）关于重新招标的条件。

《招标投标法》第42条规定："评标委员会经评审，认为所有投标都不符合招标文件要求的，可以否决所有投标。依法必须进行招标的项目的所有投标被否决的，招标人应当依照本法重新招标。"

（6）招标失败。

招标失败是指经资格预审合格的有效投标人不足三人；投标截止时间递交投标文件的投标人不足三人；在评标中对投标文件重大偏差审查后，有效投标文件不足三人。

在上述情况下重新招标，再次出现上述情形之一的，属于需要政府审批、核准的招标项目，报经原审核部门批准后可以不再进行招标。

（7）《招标投标法》关于中标无效的规定。

凡有下列情况之一者，中标无效：

1）招标代理机构违法泄露应当保密的与招标投标活动有关的情况和资料的，或者与招标人、投标人串通损害国家利益、社会公共利益或者其他人合法权益等行为影响中标结果，并且中标人为上述所列行为的受益人的。

2）依法必须进行招标项目的招标人向他人透露已获取招标文件的潜在投标人的名称、数量或者可能影响公平竞争的有关招标的其他情况的，或者泄露标底等行为影响中标结果，并且中标人为上述所列行为的受益人的。

3）投标人相互串通投标或者与招标人串通投标的，投标人以向招标人或者评标委员会成员行贿的手段谋取中标的。

4）投标人以他人名义投标或者以其他方式弄虚作假，骗取中标的。

5）依法必须进行招标的项目，招标人违法与投标人就投标价格、投标方案等实质性内容进行谈判影响中标结果的。

6）招标人在评标委员会依法推荐的中标候选人以外确定中标的，依法必须进行招标的项目在所有投标被评标委员会否决后自行确定中标人的。

招标无效是指招投标活动的全部环节无效，评标无效是指评标环节无效；可能重新组织评标而不另行组织招标、投标；中标无效是指中标结果无效，可以在评标委员会推荐的候选人中重新确定中标人而无须重新评标。

（8）《招标投标法》第54条规定："投标人以他人名义投标或者以其他方式弄虚作假，骗取中标的，中标无效。"

《中华人民共和国招标投标实施条例》第42条中规定，使用通过受让或者租借等方式获取的资格、资质证书投标的，属于《招标投标法》第33条规定的以他人名义投标。投标人有下列情形之一的，属于《招标投标法》第33条规定的以其他方式弄虚作假的行为：

1）使用伪造、变造的许可证件。

2）提供虚假的财务状况或者业绩。

3) 提供虚假的项目负责人或者主要技术人员简历、劳动关系证明。

4) 提供虚假的信用状况。

5) 其他弄虚作假的行为。

1.5　建筑工程招标方案和方案核定

1.5.1　招标方案

1. 工程建设项目背景概况

工程建设项目背景主要介绍工程建设项目的名称、用途、建设地址、项目业主、资金来源、规模、标准、主要功能等基本情况,工程建设项目投资审批、规划许可、勘察设计及其相关核准手续等有关依据,已经具备或者正待落实的各项招标条件。

2. 工程招标范围、标段划分和投标资格

(1) 工程招标内容范围和标段划分。

工程招标是指工程施工招标或者包括工程设计和施工的工程总承包招标,在此主要介绍工程施工招标,首先要依据法律和有关规定确定必须招标的工程施工内容、范围,同时还包括:工程施工现场准备、土木建筑工程和设备安装工程等内容。

1) 工程招标内容范围。

① 工程施工现场准备。工程施工现场准备指工程建设必须具备的现场施工条件,包括通路、通水、通电、通信,乃至通气、通热,以及施工场地平整,各种施工和生活设施的建设等。

② 土木建筑工程。土木建筑工程是指房屋、市政、交通、水利水电、铁路等永久性的土木建筑工程,包括土石方工程、基础工程、混凝土工程、金属结构工程、装饰工程、道路工程、构筑物工程等。

③ 设备安装工程。设备安装工程包括机械、化工、冶金、电气、自动化仪表、给排水等设备和管线安装,计算机网络、通信、消防、声像系统,以及检测、监控系统的安装等工程施工招标内容、范围应正确描述工程建设项目数量与边界、工作内容、施工边界条件等。其中,施工的边界条件包括地理边界条件,以及与周边工程承包人的工作分工、衔接、协调配合等内容。

2) 工程施工招标标段划分。工程施工招标应该依据工程建设项目管理承包模式、工程设计进度、工程施工组织规划和各种外部条件、工程进度计划和工期要求、各单项工程之间的技术管理关联性以及投标竞争状况等因素,综合分析研究划分标段,并结合标段的技术管理特点和要求设置投标资格预审的资格能力条件标准,以及投标人可以选择投标标段的空间招标标段划分主要考虑下列相关因素:

①《招标投标法》和《工程建设项目招标范围和规模标准规定》对必须招标项目的范围、规模标准和标段划分作了明确规定,这是确定工程招标范围和划分标段的法律依据,招标人应依法、合理地确定项目招标内容及标段规模,不得通过细分标段、化整为零的方式规避招标。

② 工程承包管理模式。工程承包模式采用总承包合同与多个平行承包合同对标段划分的要求有很大差别。采用工程总承包模式,招标人期望把工程施工的大部分工作都交给总承包人,并且希望有实力的总承包人投标。同时,总承包人也期望发包的一般是较大标段工程,

否则就失去了总承包的意义。而多个平行承包模式是将一个工程建设项目分成若干个可以独立、平行施工的标段,分别发包给若干个承包人承担,工程施工的责任、风险随之分散。但是工程施工的协调管理工作量随之加大。

③工程管理力量。招标项目划分标段的数量,确定标段规模,与招标人的工程管理力量有关标段的数量、规模决定了招标人需要管理合同的数量、规模和协调工作最,这对招标人的项目管理机构设置和管理人员的数量、素质、工作能力都提出了要求,若招标人拟建立的项目管理机构比较精简或者管理力量不足,就不宜划分过多的标段。

④竞争格局、工程标段规模的大小和标段数量,与招标人期望引进的承包人的规模和资质等级有关,除具备总承包特级资质的承包人之外,施工承包人可以承揽的工程范围、规模取决于其工程承包资质类别,等级和注册资本金的数量。同时,工程标段规模过大必然要减少投标承包人的数量,从而会影响投标竞争的效果。

⑤技术层面从技术层面考虑标段的划分有三个基本因素:

a.工程技术关联性。凡是在工程技术和工艺流程上关联性比较密切的部位,无法分别组织施工,不适宜划分给两个以上承包人去完成。

b.工程计量的关联性有些工程部位或者分部,分项工程,虽然在技术和工艺流程方面可以区分开,但在工程量计量方面则不容易区分,这样的工程部位也不适合划分为不同的标段。

c.工作界面的关联性划分标段必须要考虑各标段区域及其分界线的场地容量和施工界面能否容纳两个承包人的机械和设施的布置及其同时施工,或者更适合于哪个承包人进场施工,如果考虑不周,则有可能制约或影响施工质量和工期。

⑥工期与规模工程总工期及其进度松紧对标段划分也会产生很大的影响。标段规模小,标段数量多,进场施工的承包人多,容易集中投入资源,多个工点齐头并进赶工期,但需要发包人有相应的管理措施和充足、及时的资金保障来划分多个标段。虽然能引进多个承包人进场,但也可能标段规模偏小,发挥不了规模效益,不利于吸引大型施工企业前来投标,也不利于发挥特种大型施工设备的使用效率,从而提高工程造价,并容易导致产生转包、分包现象。

(2)投标资格要求。

按照招标项目及其标段的专业、规模、范围、与承包方式,依据有关建筑业企业资质管理规定初步拟定投标人的资质、业绩标准。

3.工程招标顺序

工程施工招标前应先安排相应工程的项目管理、工程设计、监理或者设备监造招标,为工程施工项目管理奠定组织条件,工程施工招标顺序应按照工程设计、施工进度的先后次序和其他条件,以及各单项工程的技术管理关联度安排工程招标顺序。

根据工程施工总体进度顺序确定工程招标顺序。一般是:施工准备工程在前,主体工程在后;制约工期的关键工程在前,辅助工程在后;土建工程在前,设备安装在后;结构工程在先,装饰工程在后;制约后续工程在前,紧前工程在后;工程施工在前,工程货物采购在后,但部分主要设备采购应在工程施工之前招标,以便据此确定工程设计或者施工的技术参数。工程招标的实际顺序应根据工程施工的特点、条件和需要安排确定。

4.工程质量、造价、进度需求目标

招标人员必须全面、正确地分析把握招标工程建设项目的功能、特点和条件,依据有关法规、标准、规范、项目审批和设计文件以及实施计划等总体要求,科学合理地设定工程建设项目的质量、造价、进度和安全、环境管理的需求目标。这是编制和实施招标方案的主要内容,也是设置和选择工程招标的投标资格条件、评标方法、评标因素和标准、合同条款等相关内容的主要依据。

工程建设项目的质量、造价、进度三大控制目标之间具有相互依赖和相互制约的关系:工程进度加快,工程投资就要增加,但项目的提前投产可提前实现投资效益;同时,工程进度加快,也可能影响工程质量;提高工程质量标准和采取严格控制措施,又可能影响工程进度,增加工程投资。因此,招标人应根据工程特点和条件,合理处理好三大需求目标之间的关系,提高工程建设的综合效益。

(1)工程质量需求目标。

招标工程建设项目质量必须依据招标人的使用功能要求,满足工程使用的适用性、安全性、经济性、可靠性、环境的协调性等要求设定工程质量等级目标和保证体系的要求;工程质量必须符合国家有关法规和设计、施工质量及验收标准、规范。

(2)工程造价控制目标。

招标工程施工造价通常以工程建设项目投资限额为基础,编制确定工程建设项目的参考标底价格或者招标控制价(投标报价的最高控制价格)作为控制目标。工程参考标底是依据招标工程建设项目一致的发包范围和工程量清单,一般参考工程定额的平均消耗量和人工、材料、机械的市场平均价格,结合常规施工组织设计编制。

(3)工程进度需求目标。

招标人应根据工程建设项目的总体进度计划要求、工程发包范围和阶段、工程设计的进度安排和相关条件以及可能的变化因素,在招标文件中明确提出招标工程施工进度的目标要求,包括总工期、开工日期、阶段目标工期、竣工日期以及各阶段工作计划。

5. 工程招标方式、方法

根据招标项目的特点和需求,依法选择公开招标或邀请招标方式;选择国内招标或者国际招标;选择合适的招标方法和手段,包括:传统纸质招标或者电子招标、一阶段一次招标或二阶段招标、框架协议招标等。目前,国家鼓励利用信息网络进行电子招标投标。

6. 工程发包模式与合同类型

(1)发包模式。

根据招标工程的特点和招标人需要,按照承包人义务范围大小,可分别选择两类承包方式:施工承包方式和设计-施工一体化承包方式。

(2)合同类型。

根据招标工程的特点和招标人采纳的计价方式,合同类型一般有:固定总价合同、固定单价合同、可调价合同(包括可调单价和总价)、成本加酬金合同。

7. 工程招标工作目标和计划

工程招标工作目标和计划应该依据招标项目的特点和招标人的需求、工程建设程序、工程总体进度计划和招标必需的顺序编制,包括招标工作的专业性与规范性要求以及招标各阶段工作内容、工作时间以及完成日期等目标要求。招标工作时间安排需特别注意法律法规对某些工作时间的强制性要求。

招标工作计划是工程招标方案的组成部分。但是,大型工程建设项目因制定整个项目实施计划需要,往往在制定单项工程招标方案前,已经制定了整个工程建设项目分类,分阶段招标规划。中小型工程仅需要编制单项工程招标方案的工作计划。

8. 工程招标工作分解

工程招标工作分解是对整个招标工作任务、内容、工作目标和工作职责,依据招标投标的基本程序和工作要求,按照招标人的岗位职责、人力资源、设备条件以及相互关系分解配置,明确落实。

9. 工程招标方案实施的措施

为有效实施工程招标方案,实现工程招标工作目标、计划,应结合工程招标工作的特点和需要,研究采取相应的组织管理和技术保证措施。

工程总承包招标方案可以结合工程总承包的类型特点、内容范围,抓住设计施工紧密结合的根本要求,参照工程施工招标方案作相应调整。

1.5.2   方案核定

《招标投标法》发布后,我国政府十分重视这项工作,国务院办公厅在 2000 年 5 月发出的"国办发(2000)34 号"文件通知中已经作出了如下明确要求:今后,"项目审批部门在审批必须进行招标的项目可行性研究报告时,要核准项目的招标方式(委托招标或自行招标)以及国家出资项目的招标范围(发包初步方案)"。为此,国家计委第 9 号令规定:"依法必须进行招标的工程建设项目,要按照工程建设项目审批管理规定,凡应报送项目审批部门审批的,必须在报送的可行性研究报告中增加有关招标的内容。"这些增加的内容主要就是招标方案,而且要求按规定的表格(详见表 1.1)把它做可行性研究报告的附件与可行性研究报告一同报送。项目审批部门在批准项目可行性研究报告时,依据法律、法规规定的权限,对项目建设单位拟定的招标方案等内容提出核准或者不予核准的意见。(详见表 1.2)。

表 1.1   招标基本情况表

	招标范围		组织形式		招标方式		不采用招标方式	招标估算金额/万元	备注
	全部	部分	自行	委托	公开	邀请			
勘察									
设计									
建筑工程									
安装工程									
监理									
设备									
重要材料									
其他									

情况说明:

建设单位盖章   年   月   日

注:情况说明在表内填不下,可另页。

表 1.2 审批部门核准意见

	招标范围		组织形式		招标方式		不采用招标方式	招标估算金额/万元	备注
	全部	部分	自行	委托	公开	邀请			
勘察									
设计									
建筑工程									
安装工程									
监理									
设备									
重要材料									
其他									

情况说明：

（注：审批部门在空格注明"核准"或者"不予核准"）

建设单位盖章　　　年　月　日

1.6 招标投标活动监督

1.6.1 招标投标活动监督体系

《招标投标法》第 7 条中规定："招标投标活动及其当事人应当接受依法实施的监督"。在招标投标法规体系中，对于行政监督、司法监督、当事人监督、社会监督都有具体规定，构成了招标投标活动的监督体系。

1. 当事人监督

当事人监督即招标投标活动当事人的监督。招标投标活动当事人包括招标人、投标人、招标代理机构、评标专家等。由于当事人直接参与，并且与招标投标活动有着直接的利害关系，因此，当事人监督往往最积极，也最有效，该监督是行政监督和司法监督的重要基础。国家发展改革委等七部委联合制定的《工程建设项目招标投标活动投诉处理办法》具体规定了投标人和其他利害关系人投诉，以及有关行政监督部门处理投诉的要求，这种投诉是当事人监督的重要方式。

2. 行政监督

行政机关对招标投标活动的监督，是招标投标活动监督体系的重要组成部分。依法规范和监督市场行为，以及维护国家利益、社会公共利益和当事人的合法权益，是市场经济条件下政府的一项重要职能。《招标投标法》对有关行政监督部门依法对招标投标活动、查处招标投标活动中的违法行为作出了具体规定，如第 7 条中规定："有关行政监督部门依法对招标投标活动实施监督，依法查处招标投标活动中的违法行为。"

《招标投标法实施条例》第 4 条中对招标投标活动的行政监督作了如下规定：

（1）国务院发展改革部门指导和协调全国招标投标工作，对国家重大建设项目的工程招标投标活动实施监督检查。国务院工业和信息化、住房城乡建设、交通运输、铁道、水利、商务等部门,按照规定的职责分工对有关招标投标活动实施监督。

(2)县级以上地方人民政府发展改革部门指导和协调本行政区域的招标投标工作。县级以上地方人民政府有关部门按照规定的职责分工,对招标投标活动实施监督,依法查处招标投标活动中的违法行为。县级以上地方人民政府对其所属部门有关招标投标活动的监督职责分工另有规定的,从其规定。

(3)财政部门依法对实行招标投标的政府采购工程建设项目的预算执行情况和政府采购政策执行情况实施监督。

3.司法监督

司法监督即指国家司法机关对招标投标活动的监督。《招标投标法》具体规定了招标投标活动当事人的权利和义务,同时也规定了有关违法行为的法律责任。如招标投标活动当事人认为招标投标活动存在违反法律、法规、规章规定的行为,可以起诉,由法院依法追究有关责任人相应的法律责任。

4.社会监督

社会监督即指除招标投标活动当事人以外的社会公众的监督。"公开,公平,公正"原则之一的公开原则就是要求招标投标活动必须向社会透明,以方便社会公众的监督。任何单位和个人认为招标投标活动违反招标投标法律、法规、规章时,都可以向有关行政监督部门举报,由有关行政监督部门依法调查处理。因此,社会公众、社会舆论以及新闻媒体对招标投标活动的监督是一种第三方监督,在现代信息公开的社会发挥着越来越重要的作用。

1.6.2 行政监督的基本原则

政府对招标投标活动实施行政监督必须遵循依法行政的基本要求,其基本原则包括:

(1)职权法定原则。

政府对招标投标活动实施行政监督,应当在法定职责范围内依法实行。任何政府部门、机构和个人都不能超越法定权限,直接参与或干预具体招标投标活动。《国务院办公厅关于进一步规范招投标活动的若干意见》明确规定:"有关行政监督部门不得违反法律法规设立审批、核准、登记等涉及招投标的行政许可事项;已经设定的一律予以取消"。

(2)合理行政原则。

政府对招标投标活动实施行政监督,应当遵循公平、公正的原则。要平等对待招标投标活动当事人,不偏私、不歧视;所采取的措施和手段应当是必要、适当的。

(3)程序正当原则。

政府对招标投标活动实施行政监督,应当严格遵循法定程序,依法保障当事人的知情权、参与权和救济权。

(4)高效便民原则。

政府对招标投标活动实施行政监督,无论是核准招标事项,还是受理投诉举报案件,都应当遵守法定时限,积极履行法定职责,提高办事效率,切实维护当事人的合法权益。

1.6.3 行政监督的职责分工

行政监督的具体职责分工依据《招标投标法》第7条,由国务院规定,经中央机构编制委员会办公室报国务院同意,在《关于国务院有关部门实施招标投标活动行政监督的职责分工的意见》中予以明确规定：

(1)国家发展计划委员会指导和协调全国招投标工作,会同有关行政主管部门拟定《招标投标法》配套法规、综合性政策和必须进行招标的项目的具体范围、规模标准以及不适宜进行招标的项目,报国务院批准;指定发布招标公告的报刊、信息网络或其他媒介。有关行政主管部门根据《招标投标法》和国家有关法规、政策,可联合或分别制定具体实施办法。

(2)项目审批部门在审批必须进行招标的项目可行性研究报告时,核准项目的招标方式(委托招标或自行招标)以及国家出资项目的招标范围(发包初步方案)。项目审批后,及时向有关行政主管部门通报所确定的招标方式和范围等情况。

(3)对于招标投标过程(包括招标、投标、开标、评标、中标)中泄露保密资料、泄露标底、串通招标、串通投标、歧视排斥投标等违法活动的监督执法,按现行的职责分工,分别由有关行政主管部门负责并受理投标人和其他利害关系人的投诉。按照这一原则,工业(含内贸)、水利、交通、铁道、民航、信息产业等行业和产业项目的招标投标活动的监督执法,分别由经贸、水利、交通、铁道、民航、信息产业等行政主管部门负责;各类房屋建筑及其附属设施的建造和与其配套的线路、管道、设备的安装项目和市政工程项目的招标投标活动的监督执法,由建设行政主管部门负责;进口机电设备采购项目的招标投标活动的监督执法,由外经贸行政主管部门负责。有关行政主管部门须将监督过程中发现的问题,及时通知项目审批部门,项目审批部门根据情况依法暂停项目执行或者暂停资金拨付。

(4)从事各类工程建设项目招标代理业务的招标代理机构的资格,由建设行政主管部门认定;从事与工程建设有关的进口机电设备采购招标代理业务的招标代理机构的资格,由外经贸行政主管部门认定;从事其他招标代理业务的招标代理机构的资格,按现行职责分工,分别由相关行政主管部门认定。

(5)国家发展计划委员会负责组织国家重大建设项目稽查特派员,对国家重大建设项目建设过程中的工程招标投标进行监督检查。

1.6.4　行政监督的内容

程序监督,是指政府针对招标投标活动是否严格执行法定程序实施的监督。

实体监督,是指政府针对招标投标活动是否符合《招标投标法》及有关配套规定的实体性要求实施的监督。

1. 程序监督的主要内容

(1)公开招标项目的招标公告是否在国家指定媒介上发布。

(2)评标委员会的组成、产生程序是否符合法律规定。

(3)评标活动是否按照招标文件预先确定的评标方法和标准在保密的条件下进行。

(4)招标投标的程序、时限是否符合法律规定。

2. 实体监督的主要内容

(1)依法必须招标项目的招标方案(含招标范围、招标组织形式和招标方式)是否经过项目审批部门核准。

(2)依法必须招标项目是否存在以化整为零或其他任何方式规避招标等违法行为。

(3)招标人是否存在以不合理的条件限制或者排斥潜在投标人,或者对潜在投标人试行歧视待遇,强制要求投标人组成联合体共同投标等违法行为。

（4）招标代理机构是否存在泄露应当保密的与招标投标活动有关情况和资料，或者与招标人、投标人串通损害国家利益、社会公共利益或者他人合法权益等违法行为。

（5）招标人是否存在向他人透露已获取招标文件的潜在投标人的名称、数量或可能影响公平竞争的有关招标投标的其他情况，或泄露标底，或违法与投标人就投标价格、投标方案等实质性内容进行谈判等违法行为。

（6）投标人是否存在相互串通投标或与招标人串通投标，或以向招标人或评标委员会成员行贿的手段谋取中标，或者以他人名义投标，或以其他方式弄虚作假骗取中标等违法行为。

（7）招标人是否在评标委员会依法推荐的中标候选人以外确定中标人的违法行为。

（8）中标合同签订是否及时、规范，合同内容是否与招标文件和投标文件相符，是否存在违法分包、转包。

（9）实际执行的合同是否与中标合同内容一致。

1.6.5　行政监督的方式

《招标投标法》的实施，使审批事项大幅度精简，政府有关部门主要通过核准招标方案和自行招标备案，受理投诉举报、检查、稽查、审计、查处违法行为以及招标投标情况书面报告等方式，对招标投标过程和结果进行监督。同时对招标代理机构实行严格的资格管理制度。

（1）核准招标方案。

按照《国务院有关部门实施招标投标活动行政监督的职责分工意见的通知》有关规定，必须招标的项目在开展招标活动之前，招标人应当将招标方案申报项目审批部门核准。项目审批部门对必须招标的项目核准的内容包括：建设项目具体招标范围（全部招标或者部分招标）、招标组织形式（委托招标或自行招标）、招标方式（公开招标或邀请招标）。招标人应当按照项目审批部门的核准意见开展招标活动。

按照《国务院关于投资体制改革的决定》的规定，我国对建设项目的审批实行分级分类管理。国家发展改革委和各省级发展改革部门都对其审批权限内的项目招标方案核准工作作出了规定。目前，国家发展改革委审批权限内的应当进行招标方案核准的项目有三类：

1）国家发展改革委审批或者初审后报国务院审批的中央政府投资项目。

2）向国家发展改革委申请500万元人民币以上中央政府投资补助、转贷或者贷款贴息的地方政府投资项目或者企业投资项目。

3）国家发展改革委核准或者初核后报国务院核准的国家重点项目。各省发展改革部门审批权限内的项目实行招标方案核准的范围都是结合本地实际确定的，具体项目范围不完全一致。因此，招标人应当根据具体招标项目审批部门的规定，向有关部门申报招标方案核准。

（2）自行招标备案。

按照《招标投标法》规定，依法必须招标的项目，具有编制招标文件和组织评标能力的，可以自行办理招标事宜，但是应当向有关行政监督部门备案。行政监督部门要对招标人是否具有自行招标的条件进行监督：

1）防止那些对招标程序不熟悉、不具备招标能力的项目单位自行组织招标，影响招标质量和项目的顺利实施。

2）防止个别项目单位借自行招标之机，进行虚假招标甚至规避招标。

（3）现场监督。

按照《招标投标法》以及有关配套规定,对招标投标过程的监督主要由县级以上人民政府有关行政主管部门负责。现场监督,是指政府有关部门工作人员在开标、评标的现场行使监督权,及时发现并制止有关违法行为。现场监督也可以通过网上监督来实现,即政府有关部门利用网络技术对招标投标活动实施监督管理。

（4）招标投标情况书面报告。

根据《招标投标法》第 47 条中规定:"依法必须进行招标的项目,招标人应当自确定中标人之日起 15 日内,向有关行政监督部门提交招标投标情况的书面报告。"《工程建设项目施工招标投标办法》第 65 条,国家发展改革、财政、商务、建设等部门都对招标投标情况书面报告的内容以及形式作出具体规定。各部门的规定虽然因项目类型不同而有所差异,但报告的主要内容包括招标范围、招标方式和发布招标公告的媒介,招标文件中投标人须知、技术条款、评标标准和合同主要条款,以及评标委员会的组成和评标报告、中标结果等。行政监督部门通过这些内容对招标投标活动的合法性进行监督。

（5）受理投诉举报。

《招标投标法》第 65 条中规定:"投标人和其他利害关系人认为招标投标活动不符合法律规定的,有权依法向有关行政监督部门投诉。"另外,其他任何单位和个人认为招标投标活动违反有关法律规定的,也可以向有关行政监督部门举报。有关行政监督部门应当依法受理和调查处理。

（6）招标代理机构资格管理。

按照《招标投标法》及有关配套规定,从事各类招标投标活动招标代理业务的中介机构都应取得相应的招标代理资格。国家发展改革委、建设部、财政部、商务部、科技部、药品监督管理局和卫生部等有关部门分别负责各行业招标代理机构的资格认定,并对其招标代理行为进行监督管理。

（7）监督检查。

监督检查是行政机关行使行政监督权最常见的方式。按照《招标投标法》及有关配套规定,各级政府行政机关对招标投标活动实施行政监督时,可以采用专项检查、重点抽查、调查等方式,有权调取和查阅有关文件、调查和核实招标投标活动是否存在违法行为。

（8）项目稽查。

在我国的建设项目管理中,对于规模较大,关系国计民生或对经济和社会发展有重要影响的建设项目,作为重大建设项目进行重点管理和监督,国家还专门建立了重大建设项目稽察特派员制度。按照《国家重大建设项目稽察办法》规定,发展改革部门可以组织国家重大建设项目稽察特派员,采取经常性稽察和专项性稽察方式对重大建设项目建设过程中的招标投标活动进行监督检查。

（9）实施行政处罚。

《招标投标法》及有关法律法规规章对招标投标活动中违法行为及行政处罚作出了具体规定,有关行政监督部门通过各种监督方式发现并经调查核实有关招标投标违法行为后,应当依法对违法行为实施行政处罚。

2 建筑工程招标

2.1 建筑工程招标概述

工程项目施工是工程项目形成工程实体的重要阶段,能否通过规范严格的招标投标工作,选择一个高水平的承包人实施工程建造,是能否有效地控制工程的投资、进度和质量,获得合格的工程产品,达到预期投资效益的关键。

2.1.1 招标条件

根据《招标投标法》第9条中规定:"招标项目按照国家有关规定需要履行项目审批手续的,应当先履行审批手续,取得批准。招标人应当有进行招标项目的相应资金或者资金来源已经落实,并应当在招标文件中如实载明。"也就是说,招标的项目需要具备两个必有条件,即招标项目已完成审批手续和项目合法资金已经落实。

国家有关部门也相继出台了一系列的配套法规,做了比较详细的规定,对招标工作也更有指导性。通常来说,依法必须招标的工程建设项目,应当具备下列条件才能进行施工招标:

(1)招标人已经依法成立。

(2)应当履行审批手续的初步设计概算,已经批准。

(3)招标范围、方式和组织形式等应当履行核准手续的,已经核准。

(4)有相应资金或者资金来源已经落实。

(5)有招标所需的设计图纸和技术资料。

2.1.2 招标方式

1. 招标方式

我国《招标投标法》规定的招标方式有下列两种:

(1)公开招标。

公开招标是指招标人以招标公告的方式,邀请不特定的法人或者其他组织参加投标的一种招标方式。也就是招标人在国家指定的报刊、电子网络或其他媒体上发布招标公告,吸引众多的潜在投标人参加投标竞争,招标人按照规定的程序和办法从中择优选择中标人的招标方式。

(2)邀请招标。

邀请招标是指招标人以投标邀请书的方式,邀请特定的法人或者其他组织参加投标的一种招标方式。邀请招标,也称选择性招标,也就是由招标人通过市场调查,根据供应商或承包商的资信和业绩,选择一定数目的法人或者其他组织(不能少于3家),向其发出投标邀请书,邀请他们参加投标竞争,招标人按规定的程序和办法从中择优选择中标人的招标方式。

2.邀请招标的审批规定

不同类型招标项目则由不同部门审批邀请招标。

(1)重点项目。

按照《招标投标法》第 11 条规定:"国务院发展计划部门确定的国家重点项目和省、自治区、直辖市人民政府确定的地方重点项目不适宜公开招标的,经国务院发展计划部门或省、自治区、直辖市人民政府批准,可以进行邀请招标。"

(2)工程建设施工项目。

按照《工程建设项目施工招标投标办法》第 11 条规定:"全部使用国有资金投资或国有资金投资占控股或者占主导地位的并需审批的工程建设项目的邀请招标,应当经项目审批部门批准,但项目审批部门只审批立项的,由有关行政监督部门审批"。

(3)机电产品国际招标项目。

按照《机电产品国际招标投标实施办法》规定,采用邀请招标方式的项目,应当向商务部备案。

(4)政府采购项目。

按照《政府采购货物和服务招标投标管理办法》第 4 条规定:"因特殊情况需要采用公开招标以外方式的,应当在采购活动开始前获得设区的市、自治州以上人民政府财政部门的批准"。

3.公开招标和邀请招标的区别

公开招标和邀请招标,既是我国《招标投标法》规定的招标方式,也是目前界各国通行的招标方式。这两种方式的主要区别如下:

(1)邀请和发布信息的方式不一样。

公开招标采用刊登资格预审公告或招标公告的形式;邀请招标不发布招标公告,只采用投标邀请书的形式。

(2)选择和邀请的范围不一样。

公开招标采用招标公告的形式,针对的是一切潜在的对招标项目感兴趣的法人或者其他组织,招标人事先不知道投标人的数量,也不填写投标人名单,其范围宽广;邀请招标只针对已经了解的法人或者其他组织,事先已经知道潜在投标人的数量,要填写投标人、投标单位的具体名单,范围要比公开招标窄得多。

(3)发售招标文件的限制不一样。

公开招标时,凡愿意参加投标的单位都可以购买招标文件,对发售单位不受限制;邀请招标时,只有已接到投标邀请书并表示愿意参加投标的邀请单位,才能购买招标文件,对发售单位受到严格限制。

(4)竞争程度不一样。

由于公开招标使所有符合条件的法人或其他组织都有机会参加投标,竞争的范围较广,竞争性体现得也比较充分,招标人拥有选择的余地较宽,容易获得良好的招标效果;邀请招标中,投标人的数量有限,竞争的范围也窄,招标人拥有的选择余地相对较小,工作稍有不慎,就有可能提高中标的合同价,如果市场调查不充分,还有可能将某些在技术上或报价上更有竞争力的供应商或承包商遗漏在外。

（5）公开程度不一样。

公开招标中,所有的活动都必须严格按照预先指定并为大家所知的程序、标准和办法公开进行,大大减少了作弊的可能性;相比而言,邀请招标的公开程度远不如公开招标,若不严格监督管理,产生不法行为的机会也就多一些。

（6）时间和费用不一样。

邀请招标不发招标公告,招标文件只售有限的几家,使整个招投标过程的时间大大缩短,招标费用也相应减少;公开招标的程序比较复杂,范围广,工作量大,因而所需时间较长,费用也相对较高。

（7）政府的控制程度与管理方式不一样。

政府对国家重点建设项目、地方重点项目以及机电设备国际招标中采用邀请招标的方式是要进行严格控制的。国家重点建设项目的邀请招标需经国家发展计划部门批准,地方重点项目需得到省级人民政府批准。机电设备在进行国际招标时,对国家管理的必须招标产品目录内的产品,如若需要采用邀请招标的方式,必须事前得到外经贸部的批准。公开招标则没有这方面的限制。

公开招标和邀请招标的七个不一样中,最重要的实质性区别是竞争程度不一样,公开招标要比邀请招标的竞争程度强得多,效果好。

2.1.3　招标组织形式

从招标人采取什么组织形式来操作和完成招标过程的角度来分类,招标又可分为招标人自行招标和招标人委托招标机构代理招标两种形式。

1. 招标人自行招标

我国《招标投标法》规定,招标人具有编制招标文件和组织评标能力的,可以自行办理招标事宜。《招标投标法》还规定,依法必须进行招标的项目,招标人自行办理招标事宜的,应当向有关行政监督部门备案。这就是说,招标人自行招标也是受一定条件限制的。

目前,国务院有关部、委,如国家计委、国家经贸委和外经贸部已分别对工程建设项目、技术改造项目和机电设备国际招标中的自行招标作出了专门规定,招标人自行招标时必须符合和遵守一些具体规定。

（1）经国家计委审批(包括经国家计委初审后报国务院审批)的工程建设项目进行自行招标的招标人,必须具备以下具体条件:

1）具有项目法人资格(或者法人资格)。

2）具有与招标项目规模和复杂程度相适应的工程技术、概预算、财务和工程管理等方面的专业技术力量。

3）有从事同类工程建设项目招标的经验。

4）设有专门的招标机构或者拥有3名以上专职招标业务人员。

5）熟悉和掌握《招标投标法》及有关法规、规章。

经国家计委审批(包括经国家计委初审后报国务院审批)的工程建设项目进行自行招标的程序要求:

1）项目法人或者组建中的项目法人应当在向国家计委报送项目可行性研究报告时,一并报送符合上述规定条件的书面材料,至少包括:项目法人营业执照、法人证书或者项目法人组建文件;与招标项目相适应的专业技术力量情况;内设的招标机构或专职招标业务人员的基本情况;拟使用的专家库情况;以往编制同类工程建设项目招标文件、评标报告和招标业绩证明材料;以及其他相关材料。

2)国家计委审查招标人报送的书面材料,经批准同意的,招标人即可进行自行招标。未批准的,则要求招标人委托招标代理机构办理招标事宜。

3)招标人自行招标的,应自确定中标人之日起15日内,向国家计委提交招标投标情况的书面报告。概述该项目的简况和招标过程的情况,报告招标方案、评标标准、评标方法、评标委员会的组成、评标报告及中标人等情况。

(2)对于房屋建筑和市政工程建设项目的自行招标,应按照建设部89号令规定,事先向工程所在地县级以上地方人民政府建筑行政主管部门备案并报送相关材料,建设行政主管部门收到材料后在5日内答复是否可以自行招标。

(3)国债专项资金技术改造项目设备采购的自行招标,按照技术改造项目管理权限报国家经贸委或省级经贸委备案。由申请自行招标的企业按要求填写上报《备案资格申请书》。备案机关在20个工作日内无异议的,企业可自行招标。

(4)机电产品国际招标项目的招标人自行招标,由申请自行招标的企业按照外经贸部规定的条件要求,向外经贸部提出申报,经过批准后才能开始进行自行招标。

2. 招标人委托招标机构代理招标

招标人没有条件进行自行招标的或虽有条件、但招标人不准备自行招标的,可以委托招标机构进行代理招标。招标人应当与被委托的招标代理机构签订书面委托合同,合同约定的收费标准应当符合国家有关规定。我国《招标投标法》规定,招标人有权自行选择招标代理机构。招标代理机构应当在招标人委托范围内办理招标事宜。

招标代理机构的资格依照法律和国务院的规定由有关部门认定。国务院住房城乡建设、商务、发展改革、工业和信息化等部门,按照规定的职责分工对招标代理机构依法实施监督管理。

招标代理机构必须是依法设立、从事招标代理业务并提供相关服务的社会中介组织。《招标投标法》规定招标代理机构应当具备下列基本条件:

(1)有从事招标代理业务的营业场所和相应资金。

(2)有能够编制招标文件和组织评标的相应专业力量。

(3)有符合《招标投标法》规定条件、可以作为评标委员会成员人选的技术、经济等方面的专家库。

(4)招标代理机构应当拥有一定数量的取得招标职业资格的专业人员。取得招标职业资格的具体办法由国务院人力资源社会保障部门会同国务院发展改革部门制定。

招标代理机构不仅要具备上述基本条件,而且必须通过从事招标代理的资格审查、取得招标代理的资格证书,才可以承接招标代理业务。

目前,我国招标代理机构的资格认定,是按现行职责分工,分别由国务院有关行政主管部门核定的。为此,国务院有关部门对招标代理机构的设立,作出了许多严格的、不同等级的、具体的规定。在这些规定中,除了都包含有《招标投标法》规定的基本条件以外,重点规定了具有行业特点的条件要求,达不到这些行业特点要求,就不能通过资格认定。

招标代理机构在其资格许可和招标人委托的范围内开展招标代理业务,任何单位和个人不得非法干涉。招标代理机构代理招标业务,应当遵守《招标投标法》和《招标投标法实施条例》关于招标人的规定。招标代理机构不得在所代理的招标项目中投标或者代理投标,也不得为所代理的招标项目的投标人提供咨询。招标代理机构不得涂改、出租、出借、转让资格证书。

下面就以在国内覆盖面和影响面最大的工程招标代理机构和机电设备国际招标代理机构为例,介绍其申请成立时须通过资格认定的必备条件:

(1)申请成立工程招标代理机构的条件。

工程招标代理机构可以跨省、自治区、直辖市承担工程招标代理业务。工程招标代理机构资格分为甲、乙两级。甲级工程招标代理机构资格按行政区划分,由省、自治区、直辖市人民政府建设行政主管部门初审,报国务院建设行政主管部门认定。乙级工程招标代理机构资格由省、自治区、直辖市人民政府建设行政主管部门认定,报国务院建设行政主管部门备案。

1)申请工程招标代理机构资格的单位应当具备下列基本条件:

①依法设立的中介组织。

②与行政机关和其他国家机关没有行政隶属关系或者其他利益关系。

③有固定的营业场所和开展工程招标代理业务所需设施及办公条件。

④有健全的组织机构和内部管理的规章制度。

⑤具备编制招标文件和组织评标的相应专业力量。

⑥具有可以作为评标委员会成员人选的技术、经济等方面的专家库。

2)甲级工程招标代理机构资格,除具备上述基本条件外,还必须具备下列条件:

①近3年内代理中标金额3 000万元以上的工程不少于10个,或者代理招标的工程累计中标金额在8亿元以上(以中标通知书为依据,下同)。

②具有工程建设类执业注册资格或者中级以上专业技术职称的专职人员不少于20人,其中具有造价工程师执业资格人员不少于2人。

③法定代表人、技术经济负责人、财会人员为本单位专职人员,其中技术经济负责人具有高级职称或者相应执业注册资格,并有10年以上从事工程管理的经验。

④注册资金不少于100万元。

3)乙级工程招标代理机构资格,除具备上述基本条件外。还必须具备下列条件:

①近3年内代理中标金额1 000万元以上的工程不少于10个,或者代理招标的工程累计中标金额在3亿元以上。

②具有工程建设类执业注册资格或者中级以上专业技术职称的专职人员不少于10人,其中具有造价工程师执业资格人员不少于2人。

③法定代表人、技术经济负责人、财会人员为本单位专职人员,其中技术经济负责人具有高级职称或者相应执业注册资格并有7年以上从事工程管理的经验。

④注册资金不少于50万元。

乙级工程招标代理机构只能承担工程投资额(不含征地费、大市政配套费与拆迁补偿费)3 000万元以下的工程招标代理业务。

对审核合格的工程招标代理机构,颁发相应的"工程招标代理机构资格证书"。

4)新成立的工程招标代理机构,其工程招标代理业绩未满足本办法规定条件的,国务院建设行政主管部门可以根据市场需要设定暂定资格,颁发"工程招标代理机构暂定证书"。

取得暂定资格的工程招标代理机构,只能承担工程投资额在(不含征地费、大市政配套费与拆迁补偿费)3 000万元以下的工程招标代理业务。

(2)申请成立机电设备国际招标代理机构的必备条件。

1)基本条件:

①招标机构与行政机关和其他国家机关没有行政隶属关系。

②必须是独立核算的企业法人。

③必须有健全的组织机构和内部管理的规章制度。

④必须有固定的营业场所和开展国际招标业务所需的设施、资金,以及连通专业信息网络的现代化办公条件。

⑤具备编制中、英文招标文件的专业人员。

2)申请成立甲级机电设备国际招标代理机构,除了上述规定的基本条件外,还必须具备以下条件:

①具有5年以上机电产品国际招标业绩,或具有5年以上外贸经营权,且进出口商品主要为机电产品、高新技术产品。

②注册资本800万元(人民币)以上。

③近3年年均外贸进出口总额在8亿美元以上,或近3年机电产品国际招标业绩累计在1.2亿美元以上。

④中级职称及以上外贸专业人员、专职招标人员不得少于职工总数的70%。

甲级机电设备国际招标机构,可从事利用国外贷款和国内资金采购机电产品的国际招标业务和其他国际招标采购业务,具有与国外中标厂商签订招标项下合同的进出口经营权。

3)申请成立乙级机电设备国际招标代理机构,除了上述1)规定的基本条件外,还必须具备以下条件:

①具有3年以上机电产品国际招标业绩,或具有3年以上外贸经营权,且进出口商品主要为机电产品、高新技术产品。

②注册资本500万元(人民币)以上。

③近3年年均外贸进出口总额在5亿美元以上,或近3年机电产品国际招标业绩累计在5 000万美元以上。

④中级职称及以上外贸专业人员、专职招标人员不得少于职工总数的60%。

乙级招标机构,可从事利用国内资金采购机电产品的国际招标业务。

对符合条件者,由原外经贸部颁发"国际招标资格甲级证书"或"国际招标资格乙级证书"。

4)预申请乙级资格的机电设备国际招标代理机构,对近3年机电产品国内招标业绩累计在3亿元人民币以上的招标机构,可预申请乙级资格的机电设备国际招标代理机构的资格。当第一年机电产品国际招标业绩达到2 000万美元时,可正式申请乙级资格。

2.1.4　招标代理机构招标与自行招标的比较

招标人委托招标代理机构招标和招标人自行招标相比,各有其优缺点。在我国目前情况下,招标代理机构招标要比招标人自行招标的优点更为明显。

招标代理机构招标的主要优点有:

（1）客观上容易做到公平、公正。

由于招标代理机构与行政机关不存在隶属关系，招标机构必须按照法律、制度和委托协议组织招标，它与招标人自行招标相比，客观上容易形成更多方面的分工与制约机制。

（2）有利于招标的专业化操作，使招标质量有保证。

专业招标代理机构业务专业性强，通过多年来的各种各类的招标业务的实践，不仅积累了丰富的招标经验，而且拥有较全面的信息和专家支撑系统，在长期实践中形成较完善和规范的操作程序，建立有严格的内部管理和质量保证制度，这是招标代理机构能圆满完成招标任务的优势条件，也是其能够进行优质服务的重要技术保障。

（3）透明度高，易于实施广泛的监督管理。

由于招标代理机构受多方制约机制的约束，使它既要满足用户要求、接受用户或业主的监督，还要受业主的行政主管部门、国家机关、公证机关和投标人的监督，加上同行业的激烈竞争局面，他们为了在社会上树立形象、赢得信誉，总是想方设法竭尽全力做好委托代理工作。因此，与招标人自行招标相比，它更易于接受和实施广泛的监督，有利于遏止不正之风，维护招标人和投标人的利益。

（4）可为用户、业主提供多方面的服务。

由于专职招标代理机构拥有强大的专家和信息支撑系统。因此，它不仅可以直接为用户、业主提供招标服务，还可为其提供长年实践积累的商务、技术、知识资源、相关信息资源等咨询服务。

（5）招标是市场的桥梁。

投标人参加招标代理机构组织的招标，其首要目标是通过竞争，争取中标，赢得合同；除此之外，投标人在公平、公正的竞标中落标，其还会再来投标。因为他们通过参加招标机构的招标投标活动，可以发现和找到许多有关招标投标市场以及相关的市场信息，从某种意义上讲，是他们通向市场的一座良好桥梁。

招标代理机构招标的主要缺点是：对招标项目及对有些具体招标对象的背景、技术规范，特别是一些特定复杂的技术要求等情况没有自行招标人（业主或采购人）那么了解与熟悉。

招标人自行招标的优点是：对其项目或者一些招标对象的情况，以及使用要求最了解、最清楚，实行自行招标，掌握全过程，责任容易落实，方便招标项目的合同管理与整个项目的组织实施。其缺点是对招标业务没有专业招标代理机构熟悉，有时容易失真，易受行政干预、一方说了算，公正性与公平性不如招标代理机构有保障。对于中小企业来讲，还需临时组建专业班子，不利于专业化管理，经济损耗大。

究竟采用什么样的招标组织形式，是招标人的自主权利。招标人应当在依法招标、保证招标质量的前提下，坚持实事求是和从实际出发的原则，进行比较、选定。

2.2　建筑工程招标程序

2.2.1　招标的程序

招标程序是招标过程中各个环节承前启后、相互关联的工作序列。招标程序把招标活动架构成为一个统一的有机系统，该系统是在《招标投标法》及国家相关法规指导之下形成的，对招标投标人具有强制的法律约束力。

对招标活动过程来说,它一般划分为准备、实施和定标三个承前启后的阶段,每一阶段又可划分为时间上相互连接的若干工作环节或工作步骤,只有上一个工作步骤完成了,下一步工作才可以开展。但在特定情况下,工作步骤也可以平行移动,即在开展某一阶段工作的同时也可为后续工作做前期的准备,如在招标申请的同时就可以开始着手编制招标文件。

1. 招标前的准备阶段

招标前准备阶段的工作主要有两项:第一项是项目立项,第二项是确定建设项目的招标方案。每一项工作又可细分为若干分项,一般包括下述工作。

(1)项目立项。

建设工程项目应向国家行政主管相关部门申请项目立项。主管部门批准建设项目立项后,应成立建立项目法人机构。建立项目法人机构后,开始制定建设项目的招标方案。

(2)制定招标方案。

招标方案的内容主要包括:

1)明确招标范围,全部或者部分招标。具体地说,就是指整体招标还是划分为几个合适的标段招标,是一次性招标还是分阶段招标;是否允许分包,什么内容可以分包等。

2)招标的组织形式,指的是委托招标还是自行招标。

3)招标方式是公开招标还是邀请招标。

4)制定招标时间及进度计划,制定招标费用计划及解决方案。

招标人自行招标是指招标人具有编制招标文件和组织评标能力,可自行办理招标事宜。《招标投标法》、《工程建设项目自行招标试行办法》及《房屋建筑和市政基础设施工程施工招标投标管理办法》也都对招标人自行办理招标事宜给出了相应规定。总之,招标人自行招标所要具备的条件总结如下:

1)招标人是法人或依法成立的其他组织。

2)具有与招标工程相适应的经济、技术、管理人员。

3)有组织编制招标文件的能力。

4)有审查投标单位资质的能力。

5)有组织开标、评标、定标的能力。

不满足上述2)~5)项条件的,须委托具有相应资质的中介服务机构代理进行招标。

相应出现各种对招标人自行招标的规定,是因为如果让一些对招标程序不熟悉、自身也不具备招标能力的招标人组织招标,对招标工作的规范化、程序化会有影响,进而影响招标质量和项目的顺利实施。除此之外,也可防止招标人借自行招标之机,行招标之名而无招标之实。所以,依法必须进行招标的项目,招标人自行办理招标事宜的,应向相关行政监督部门备案。监督部门依照规定,对招标人是否具备自行招标的条件进行审核、监督。

委托招标指不具备自行招标能力的招标人,可委托具备相应资质的招标代理机构办理招标事宜。《招标投标法》第12条中规定:"招标人有权自行选择招标代理机构,委托其办理招标事宜。任何单位和个人不得以任何方式为招标人指定招标代理机构。招标人具有编制招标文件和组织评标能力的,可以自行办理招标事宜。任何单位和个人不得强制其委托招标代理机构办理招标事宜。依法必须进行招标的项目,招标人自行办理招标事宜的,应当向有关行政监督部门备案。"

（3）招标申请。

各个地区一般规定，招标人进行招标活动前，要向招标投标管理机构进行招标申请，填报招标申请书。招标申请书的内容通常主要包括：工程名称、建设地点、结构类型、招标范围、招标人的资质、招标工程具备的条件、拟采用的招标方式、招标机构组织情况和对投标人的要求等。

招标申请书经批准后，就可以编制招标文件、标底和评标、定标办法等，并将这些文件上报招标投标管理机构备案。

2. 招标的实施阶段

（1）编制招标文件。

招标文件是规范整个招标过程，确定招标人与投标人权利和义务的重要依据，是投标人进行投标的依据，也是招标人与中标人订立合同的基础。《招标投标法》第 19 条中规定："招标人应当根据招标项目的特点和需要编制招标文件。招标文件应当包括招标项目的技术要求、对投标人资格审查的标准、投标报价要求和评标标准等所有实质性要求和条件，以及拟签订合同的主要条款。国家对招标项目的技术、标准有规定的，招标人应当按照其规定在招标文件中提出相应要求。招标项目需要划分标段、确定工期的，招标人应当合理划分标段、确定工期，并在招标文件中载明。"

编制招标文件时，如果拟对投标人进行资格预审的还应编制资格预审文件。资格预审文件指的是需要投标申请人提供由招标人编制的企业资质、业绩、技术装备、财务状况和拟派出的项目经理与主要技术人员的简历、业绩等材料并规定投标人编制格式的文件。只有通过资格预审的承包商才能够参加投标。委托招标的资格预审文件和招标文件均由招标代理机构进行编制，并由招标代理机构递交有关行政主管部门审定或备案。

（2）发出招标信息。

1）发布招标公告。如果采用公开招标方式，则要在国家及相关部门指定的报刊、网络或其他大众媒介上发布。发布招标公告主要是为了发布信息，使那些感兴趣的投标申请人熟悉知晓，前来参加资格预审或购买招标文件，编制投标文件并参加投标。

招标公告应载明项目概况、投标人资格要求、获取招标文件的办法、投标截止时间等事项。招标公告的内容，对潜在的投标人来说相当重要。主要内容应对招标人和投标人的要求和招标项目的描述，使潜在的投标人在掌握这些信息的基础上，依照自身情况，做出是否购买招标文件并做出投标的决定。此外，招标公告在哪种媒介上发布，直接决定了招标信息的传播范围，进而影响招标的竞争程度和招标效果。

2）发出投标邀请。若采用邀请招标方式的，则需要向 3 家以上具备承担招标项目能力、资信良好的法人或者其他组织发出投标邀请书，其应载明的事项与公开招标的要求相同。

（3）发放招标文件。

招标人应将招标文件、图纸和有关技术资料依照规定的日期、时间和地点发给具备投标资格通过资格预审的投标人；不进行资格预审的，发给愿意参加投标的单位。投标单位收到招标文件、图纸和有关资料后，应当认真核对，核对无误后以书面形式确认。

工程项目施工招标文件在发出的同时，通常应当到建设行政主管部门办理备案手续，接受建设行政主管部门对招标文件进行的依法审查。

（4）踏勘现场。

《招标投标法》第21条规定："招标人根据招标项目的具体情况，可以组织潜在投标人踏勘项目现场。"组织投标人踏勘现场主要是为了让投标人了解工程现场和周围环境状况，获取必要的信息。踏勘现场时招标人一般应向投标人介绍的内容有：现场是否达到招标文件规定条件；现场的地理位置和地形、地貌；现场的地质、土质、地下水位、水文等情况；现场湿度、风力、年雨雪量等气候条件；现场交通、饮水、污水排放、生活用电、通信等环境情况；工程在现场中的位置和布置；临时用地、临时设施搭建等。

（5）投标预备会。

投标预备会的目的在于澄清招标文件的疑问，解答投标人在招标文件和勘察现场中所提出的问题。投标预备会一般由招标人主持召开，对招标文件和现场情况做出介绍和解释，并解答投标者提出的问题。投标预备会后，由招标人整理会议记录和解答内容，以书面形式将问题和解答结果同时发送到所有获得招标文件的投标人。

此外，在招标过程中，如果投标人对招标文件或者现场踏勘中有疑问或不清楚的问题，还可以用书面的形式要求招标人予以解答。招标人收到投标人提出的疑问后，应当给予解释和答复，并将解答结果同时发给获取招标文件的其他投标人。

（6）投标文件的接收。

《招标投标法》第28条规定："投标人应当在招标文件要求提交投标文件的截止时间前，将投标文件送达投标地点。招标人收到投标文件后，应当签收保存，不得开启。投标人少于三个的，招标人应当依照本法重新招标。在招标文件要求提交投标文件的截止时间后送达的投标文件，招标人应当拒收。"依照该规定，投标文件编制完成后，由投标人负责人签署，并根据投标须知进行分装、密封，在截止时间前递交至招标人。招标人应接收截止时间前的投标文件，退回投标截止时间后的投标文件，并记录收到文件的时间。

（7）开标。

在投标截止时间后，依据规定时间、地点，在投标人法定代表人或授权代理人在场的情况下举行开标会议，根据规定的议程进行开标。

（8）评标。

根据相关规定成立评标委员会，在招标管理机构监督下，依据评标原则、评标方法，综合评价投标人报价、工期、质量、主要材料用量、施工组织设计、以往业绩、信誉、优惠条件等方面，公正合理地选择最优中标单位。

（9）评标报告。

评标结束后，评标委员会要提交评标报告。主要内容包括：评标委员会成员名单；基本情况和数据表；开标记录；满足要求的投标人一览表；废标情况说明；评标标准、方法或评标因素一览表；经评审的价格或评分比较一览表；经评审的投标人排序；推荐的中标候选人名单；签订合同前要处理的问题；澄清、说明、补正事项纪要等。

3. 定标阶段

（1）定标。

按照评标委员会提出的评标报告和推荐的中标候选人，招标人一般向有关行政主管部门提出书面的招标工作报告后（有的地方和部门还要求上网或登报公示中标候选人），即可确定中标候选人,并发出"中标通知书"。

（2）合同签订。

建设人与中标人可在规定的时限内依据招标文件、投标文件及国家相关的法规政策,进行合同签订前的谈判,最终签订工程承包合同。

中标人拒绝按照规定提交履约担保和签订合同,可视为自动放弃中标项目,并承担违约责任。在这种情况下,应当顺延至排名第二的中标候选人为中标单位。

合同签订后,招标人向中标人和未中标的投标人退还投标保证金,其中因违反规定的投标保证金可被没收不予退回。

2.2.2 公开招标流程

公开招标流程示意图,如图 2.1 所示。从图上可以看出,这是一种较为系统和典型的公开招标流程示意图,它应用于一般采用资格预审的工程施工招标和采用资格预审的其他类型的各种招标。它把招标过程的六大阶段细分为十八道程序,流程较长,内容也多。搞清了资格预审情况下公开招标的程序内容和要求,在遇到不进行资格预审的公开招标或邀请招标等不同的招标方式时,只需删除资格预审段的内容,并注意其少量不同程序环节的内容要求,事情就变得简单得多了,许多问题就可迎刃而解。

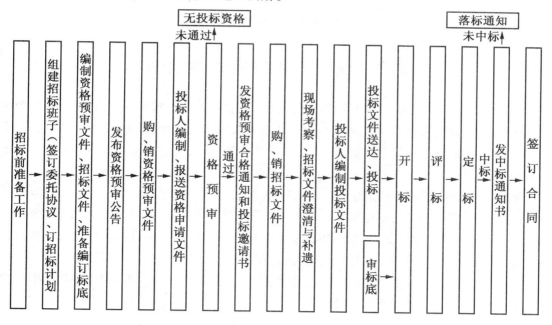

图 2.1 公开招标流程示意图（进行资格预审时）

2.2.3 邀请招标流程

邀请招标基本流程示意图,如图 2.2 所示。

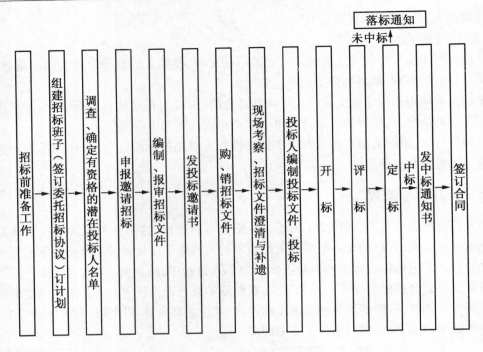

图 2.2　邀请招标基本流程示意图

2.3　建筑工程招标文件编制

招标文件,俗称"标书"。它是招标人向投标人提供为其编制投标文件所需资料,包括投标必须知道的事项、依据的原则、规则、办法,以及对投标人的资质、商务、技术、投标报价、工期或交货期、中标条件和程序条款等的具体规定和内容要求,可以说是汇总招标人各项要求的最基础、最重要的文件。

招标文件,既是投标人决定是否参加投标和编制投标文件的依据,又是招标人评审和择优选定中标人标准的依据,还是与中标人签订合同时的基础文件,招标文件中绝大部分内容将成为合同文件的组成部分。因此,招标文件是招标过程中的一种具有法律效力的重要文件。编制好招标文件是招标人(招标代理机构)在招标过程中最重要的一道程序。

在招标投标活动中,招标文件中的各项规定是招标投标双方必须遵守的"游戏规则",它是双方工作的指南针,指导着双方的活动。

2.3.1　招标文件的作用

(1)进行投标决策和编制投标文件的客观依据。

招标文件中规定了获得招标项目的实质性条件,如招标的技术要求、报价要求、评标标准、拟签合同的基础条款等,从而可以使潜在的投标人结合自身的实际条件,做出是否参与投标的决策,如果决定参与,它又是投标人编制投标文件的重要依据。

（2）订立合同的基础。

在招标文件中，由于拟定了招标人将与中标人签订合同的主要条款，这就为将签订的合同奠定基础，并节约了交易时间，降低了交易成本。中标人的投标文件，实质上是响应招标文件的一份完美答卷，是对招标文件中的条件、规定、原则的书面承诺。

（3）招标投标交易公开透明。

招标投标的交易形式之所以成为国际组织、各国政府，其至一般企业所采用的交易形式，是因为它公开宣示交易条件，使交易在"阳光"下完成。例如，交易实现的关键环节是评标，这一过程是否公开透明，直接关系着招标过程是否公开透明。招标文件中明确规定了评标标准及评标办法，使得招标活动因而变得更加透明。

2.3.2　招标文件的组成内容

招标文件应当包括招标项目的技术要求、对投标人资格审查的标准、投标报价要求和评标标准等所有实质性要求和条件，以及拟签订合同的主要条款。关于国家对招标项目的技术、标准有规定的，招标人应当根据其规定在招标文件中提出相应要求。

招标文件的内容大致可分为以下三类：

（1）编写和提交投标文件的规定。

招标文件载入这些内容是为了尽量减少符合资格的承包商，由于不明确如何编写投标文件而处于不利地位，或者投标遭到拒绝的可能性。

（2）投标文件的评审标准和方法的规定。

文件中的这类内容是为了提高招标过程的透明度和公平性，所以是招标文件中非常重要的。

（3）合同的主要条款。

招标文件中有关签订合同的主要条款中的商务性条款，使投标人了解中标后签订合同的主要内容，明确双方各自的权利和义务。招标文件中的技术要求、投标报价要求和主要合同条款等内容，统称为实质性要求，这是招标人招标意图的集中反映，也是评审投标文件的基本标准。因为所谓投标人对招标文件的实质性响应，指的就是投标文件应该与招标文件的所有实质性要求相符，没有明显差异或保留。如果投标文件与招标文件规定的实质性要求不相符，即可认定投标文件不符合招标文件的要求，招标人可以拒绝该投标，并不允许投标人修改或撤销其不满足要求的差异或保留，使之成为实质性响应的投标。

2.3.3　招标文件的编制原则

招标人应当按照招标项目的特点和需要，编制招标文件，而且，在其编制过程中必须遵循下列几项原则：

（1）遵守国家的法律、法规及规章。例如，《中华人民共和国招标投标法》、《中华人民共和国合同法》、《中华人民共和国建筑法》、《房屋建筑和市政基础设施工程招标投标管理办法》、《建设工程工程量清单计价规范》（GB 50500—2013）等。如果招标文件违反相关法规，则根据此文件签订的有关合同属于无效合同。如果是国际组织贷款项目，则必须根据该组织的各种相关规定和审批程序来编制招标文件。

（2）不得带有倾向或者排斥潜在投标人的其他内容。否则不但限制了竞争，而且违背了公平、公正的原则。

（3）科学、公正地处理招标人、投标人的利益关系。若招标文件将招标人的风险过多地转移给投标人，势必迫使投标人加大风险准备费用、提高报价，并最终导致增加招标人的投资。

（4）正确、详尽地反映招标项目的所有实质性要求和条件以及客观情况。这样能够使投标人在客观、可靠的基础上合理预见风险、进行投标，并有利于减少签约、履约过程中可能产生的分歧与争议。

（5）内容统一、避免矛盾。由于招标文件涉及很多的组成内容，容易出现矛盾，并为后续工作带来众多隐患。因此，招标文件应做到内容统一、结构明确、用语严谨。

（6）招标人可以对已发出的招标文件进行必要的澄清或修改。但是，至少应当在招标文件要求提交投标文件截止时限前 15 日，以书面形式通知所有招标文件收受人。而且，该澄清或修改的内容应作为招标文件的组成部分。

2.3.4　招标文件的编制要求

（1）内容全面。

只有招标文件的内容全面，才能确保各项后续工作有据可依。

（2）条件合理。

包括通用条件、专用条件在内的合同条件是投标人计算标底价格和投标报价的基础，也是招投标双方建立经济关系的法律依据。因此，招标文件中的合同条件应当努力保证应用与解释的一致性，并结合招标项目的具体情况，比较公正地规定有关各方的权利、责任和义务，合理处理招投标双方的经济利益关系。

（3）标准明确。

某些重要标准涉及有关方面的经济利益，并影响到公开、公平、公正和科学择优原则的落实，乃至招标工作的成效。一般来讲，在工程项目施工的招标文件中，必须对下列标准予以明确规定：

1）投标人应具备的资格标准。

2）工程的地点、内容、规模、工程标段划分及工程量计算标准。

3）工程的主要材料、设备的技术规格、工程施工技术的质量标准及工程验收标准。

4）投标人投标报价的价格形式及标书使用的语言标准。

5）投标有效期和可以参加开标的完整、合格的投标书标准。

6）投标保证金、履约保证金等标准。

7）有关合同签订及履行过程中的奖惩标准。

8）有关优惠标准。

9）招标人评标及授予合同的基本标准等。

（4）文字规范、简练。

由于招标文件涉及的内容广、条款多、篇幅长,容易出现矛盾,并引起签约双方的分歧与争议,妨碍合同的顺利履行。因此,招标文件必须做到关系严密、言简意赅、表述准确;如果是国际工程招标文件,则需在国际通用语言中进行选择。

(5)适时备案。

为了确保招标文件的编制质量,根据部分行业或地区的有关规定,招标文件应当上报有关部门备案。比如,根据《房屋建筑和市政基础设施工程招标投标管理办法》规定,依法必须进行施工招标的工程,招标人应当在招标文件发出的同时,将招标文件报送工程所在地的县级以上人民政府建设行政主管部门备案,建设行政主管部门发现招标文件有违反法律、法规内容的,应驾责令招标人改正。

2.3.5　招标文件的审核或备案

国务院有关部门对必须招标项目的招标文件审批或备案有规定的,应按规定办理。

1.依法必须进行施工招标项目的招标文件

按照《房屋建筑和市政基础设施工程施工招标投标管理办法》第19条规定:"依法必须进行施工招标的工程,招标人应当在招标文件发出的同时,将招标文件报工程所在地的县级以上地方人民政府建设行政主管部门备案。建设行政主管部门发现招标文件有违反法律法规内容的,应当责令招标人改正。"

2.机电产品国际招标文件

按照《机电产品国际招标投标实施办法》规定,在招标文件制定后,招标机构应当将招标文件送评审专家组审核,并通过招标网报送相应的主管部门备案。主管部门在收到上述备案资料3日内通过招标网函复招标机构,如需协调可适当延长时间。对利用国际金融组织和外国政府贷款项目的招标文件,商务部要求按上述规定办理并应将招标文件通过招标网报送商务部备案,招标网将生成"招标文件备案复函"。对利用世界银行贷款项目进行招标的,应按世界银行的规定,其资格预审文件和招标文件都需报经世界银行征求意见并批准以后,才可对外发售。

3.政府采购项目招标文件

按照《政府采购货物和服务招标投标管理办法》规定,招标采购单位可以根据需要,就招标文件征询有关专家或者供应商的意见。招标采购单位就招标文件咨询过意见的专家,不得再作为评标专家参加评标。

2.4　建筑工程招标标底

2.4.1　标底的概述

1.标底的概念

标底是工程造价的表现形式之一,是指由招标人自行编制或委托经建设行政主管部门批准具有编制标底价格能力的中介机构代为编制。标底是招标工程的预期价格,是招标人对招标项目所需费用的自我测算和控制,也是判断投标报价是否合理的依据。制定标底是工程招标一项重要的准备工作。

2.标底的作用

我国的《招标投标法》并未明确规定招标工程必须设置标底价格,招标人可依据工程的实际情况自行决定是否需要编制标底。标底的主要作用是:

(1)使招标人预先明确自己在拟建工程上应承担的财务义务。

(2)为上级主管部门提供核实建设规模的依据。

(3)衡量投标报价的准则,评标的重要尺度。制定正确的标底,才能正确判断投标人所投报价的合理性、可靠性。

因此,标底必须以严肃认真的态度和科学合理的方法进行编制,应当实事求是,综合考虑和体现发包方和承包方的利益,编制符合实际可行的标底。

3.标底的主要内容

(1)标底的综合编制说明。

(2)标底价格审定书、标底价格计算书、标有价格的工程量清单、现场因素、各种施工措施费的测算明细,以及采用同定价格工程的风险系数测算明细等。

(3)主要人工、材料、机械设备使用数量表。

(4)标底附件,如各项交底纪要,各种材料及设备的价格来源,现场的地质、水文、地上情况的有关资料,编制标底价格所参照的施工方案或施工组织设计等。

(5)标底价格编制的有关表格。

2.4.2　标底的编制原则

(1)依照国家公布的统一工程项目划分、统一计量单位、统一计算规则,以及施工图纸、招标文件,并参考国家制定的基础定额和国家、行业、地方规定的技术标准规范,以及生产要素市场的价格编制标底价格。

(2)标底的计价内容、计价依据应与招标文件的规定保持一致。

(3)标底价格作为招标人的期望计划价,应力求吻合市场的实际变化,要有利于竞争和保证工程质量。

(4)标底价格应由成本、利润、税金等组成,一般应控制在批准的总概算(或修正概算)及投资包干的限额内。

(5)一个工程只能编制一个标底。

2.4.3　标底的编制依据

标底的编制通常主要需要下列基本资料和文件:

(1)国家的有关法律、法规,以及国务院和省、自治区、直辖市人民政府建设行政主管部门制定的有关工程造价的文件、规定。

(2)工程招标文件中确定的计价依据和计价办法,招标文件的商务条款,包括合同条件中规定由工程承包方应承担义务而可能产生的费用,以及招标文件的澄清、答疑等补充文件和资料。在标底价格计算时,计算口径和取费内容必须与招标文件中有关取费等的要求保持一致。

(3)工程设计文件、图纸、技术说明及招标时的设计交底,根据设计图纸确定的或招标人提供的工程量清单等相关基础资料。

(4)国家、行业、地方的工程建设标准,包括建设工程施工必须执行的建设技术标准、规范和规程。

(5)施工组织设计、施工方案、施工技术措施等。

(6)工程施工现场地质、水文勘探资料,现场环境和条件及反映相应情况的有关资料。

(7)招标时的人工、材料、设备及施工机械台班等要素的市场价格信息,以及国家或地方有关政策性调价文件的规定。

(8)现行工程预算定额、工期定额、工程项目计价类别及收费标准。

2.4.4　招标控制价

1.招标控制价的含义

所谓招标控制价是在工程采用招标发包的过程中,由招标人根据有关计价规定计算的工程造价,其作用是招标人用于对招标工程发包的最高限价,有的地方也称拦标价、预算控制价。它是《建设工程工程量清单计价规范》(GB 50500—2013)新增内容之一。

根据《建设工程工程量清单计价规范》(GB 50500—2013)的相关规定,投标人的投标报价不能高于招标人设定的招标控制价。招标控制价是依照正常施工条件制定的,在反映社会平均水平基础上,综合考虑了诸多可变因素,因此又比在社会平均水平上计算出来的价格稍高,而一般投标人在竞争状态下采用的是社会平均先进水平,报出的投标价格通常要比社会平均水平上计算出的价格低。因此投标报价高于招标控制价是不合理的报价。

招标控制价的作用决定了招标控制价与标底的不同,无须保密。为体现招标的公平、公正,避免招标人有意抬高或压低工程造价,招标人应在招标文件中如实公布招标控制价,不得对所编制的招标控制价进行上浮或下调。同时,招标人应将招标控制价上报工程所在地的工程造价管理机构备查。投标人经复核认为招标人公布的招标控制价没有按新计价规范的规定进行编制的,应在开标前5 d向招投标监督机构或(和)工程造价管理机构投诉。招投标监督机构应会同工程造价管理机构对投诉进行处理,发现确有错误存在的应责成招标人修改。

2.招标控制价的意义

在传统设标底招标的方式中,存在诸多弊端严重影响了招标投标工作的有效进行,具体体现在下列几个方面:

(1)标底设置易发生泄露标底及暗箱操作的现象,使招标失去了应有的公平、公正性。

(2)标底的编制没有切实的根据项目的实际特点以及施工方案进行,从而与市场造价水平脱节。

(3)标底在评标过程的特殊地位,使标底价成为左右工程造价的杠杆。不合理的标底会使原本合理的投标报价在评标中显得不合理。

(4)将标底作为衡量投标人报价的基准,致使投标人尽力去迎合标底,常常招标投标过程反映的不是投标人实力的竞争,而是投标人编制预算文件能力的竞争,或是各种合法或非法的"投标策略"的竞争。

很多工程招标采取无标底招标的方式,也存在招标人对投标人的报价没有参考依据和评判标准的问题,而且容易出现围标、串标现象,各投标人哄抬价格,给招标人带来投资失控的风险。

鉴于以上弊端,招标控制价的提出能有效控制投资,避免恶性哄抬报价带来的投资风险;提高了透明度,避免了暗箱操作等违法活动的产生;使各投标人自主报价、公平竞争,符合市场规律。投标人自主报价不受标底的限制。

3. 招标控制价编制的依据与方法

(1)招标控制价编制的依据。

招标控制价应按照下列的依据进行编制:

1)《建设工程工程量清单计价规范》(GB 50500—2013)。

2)国家或省级、行业建设主管部门颁发的计价定额和计价办法。

3)建设工程设计文件及相关资料。

4)招标文件中的工程量清单及有关要求。

5)与建设项目相关的标准、规范、技术资料。

6)工程造价管理机构发布的工程造价信息,工程造价信息没有发布的按市场价。

7)其他的相关资料。

(2)招标控制价编制的方法。

1)分部分项工程费应按照招标文件中的分部分项工程量清单及有关要求,根据《建设工程工程量清单计价规范》(GB 50500—2013)中招标控制价的编制依据及综合单价包含的内容确定综合单价计价。综合单价中应包括招标文件中要求投标人承担的风险费用。招标文件为暂估单价提供了材料,按照暂估单价计入综合单价。

2)措施项目费应按照招标文件中的措施项目清单按《建设工程工程量清单计价规范》(GB 50500—2013)的规定计价。

3)其他项目费中的暂列金额应依照工程特点,根据有关计价规定估算;暂估价中的材料单价应依据工程造价信息或参照市场价格估算;暂估价中的专业工程金额应分不同专业,按有关计价规定估算。

4)计日工应按照工程特点和有关计价依据计算。

5)总承包服务费应依照招标文件列出的内容和要求估算。

6)规费和税金应按国家或省级、行业建设主管部门的规定计算,不作为竞争性费用。

2.5　建筑工程招标资格审查

2.5.1　资格审查含义

资格审查是为了在招标投标过程中排除资格条件不适合承担或履行合同的潜在投标人,

《招标投标法》第18条对此做了相关规定:"招标人可以根据招标项目本身的要求,在招标公告或者投标邀请书中,要求潜在投标人提供有关资质证明文件和业绩情况,并对潜在投标人进行资格审查;国家对投标人的资格条件有规定的,依照其规定。招标人不得以不合理的条件限制或者排斥潜在投标人,不得对潜在投标人实行歧视待遇。"

对潜在投标人的资格进行审查,既是招标人的一项权利,也是多数招标活动中经常采取的一道程序。这个程序对保障招标人的利益、促进招标投标活动顺利且有效进行,具有重要意义。与直接对投标人的投标文件进行审查比较,如果越过这道程序,不仅费用高,而且也更加耗费时间。采用资格审查程序可以缩减招标人评审和比较投标文件的数量。

一般来讲,资格审查可分为资格预审和资格后审。资格预审指招标人在招标开始之前或者开始初期,由招标人对申请参加投标的潜在投标人进行资质条件、业绩、信誉、技术、资金等多方面的情况进行资格审查,经认定合格的潜在投标人,才可以参加投标。《世行采购指南》《亚洲开发银行贷款采购准则》、FIDIC 合同条件都有类似规定。资格后审是在投标后(通常是在开标后)对投标人进行的资格审查。无论预审还是后审,主要审查潜在投标人或投标人是否符合下列条件:

(1)具有独立订立合同的权利。

(2)具有圆满履行合同的能力,包括专业、技术资格和能力,资金、设备和其他物质设施状况,管理能力,有经验、信誉和相应的工作人员。

(3)以往承担类似项目的业绩情况。

(4)未处于被责令停业、财产被接管、冻结、破产状态。

(5)在最近几年内(一般如最近两年内)没有与骗取合同有关的犯罪或严重违法行为。

此外,如果国家对投标人的资格条件有额外规定的,招标人必须依照其规定,不得与这些规定相冲突或低于这些规定的要求。例如,国家重大建设项目的施工招标中,国家要求一级施工企业才能成包,招标人就不能让二级及以下的施工企业参加投标。在不损害商业秘密的前提下,潜在投标人或投标人应向招标人提交能证明上述有关资质和业绩情况的法定证明文件或其他资料。

2.5.2　资格审查方法

1. 资格预审

资格预审是指招标人通过发布招标资格预审公告,向不特定的潜在投标人发出投标邀请,并组织招标资格审查委员会按照招标资格预审公告和资格预审文件确定的资格预审条件、标准和方法,对投标申请人的经营资格、专业资质、财务状况、类似项目业绩、履约信誉、企业认证体系等条件进行评审,确定合格的潜在投标人。资格预审的办法包括合格制和有限数量制,一般情况下应采用合格制,潜在投标人过多的,可采用有限数量制。

资格预审可以减少评标阶段的工作量、缩短评标时间、减少评审费用、避免不合格投标人浪费不必要的投标费用,但因设置了招标资格预审环节,而延长了招标投标的过程,增加了招标投标双方资格预审的费用。资格预审方法比较适合于技术难度较大或投标文件编制费用较高,且潜在投标人数量较多的招标项目。

资格预审应当按照资格预审文件载明的标准和方法进行。国有资金占控股或者主导地位的依法必须进行招标的项目,招标人应当组建资格审查委员会审查资格预审申请文件。资格审查委员会及其成员应当遵守《招标投标法》和《招标投标法实施条例》有关规定。

资格预审结束后,招标人应当及时向资格预审申请人发出资格预审结果通知书。未通过资格预审的申请人不具有投标资格。通过资格预审的申请人少于 3 个的,应当重新招标。

2. 资格后审

资格后审,是指在开标后对投标人进行的资格审查。按照《工程建设项目施工招标投标办法》第 18 条"采取资格后审的,招标人应当在招标文件中载明对投标人资格要求的条件、标准和方法"和《工程建设项目货物招标投标办法》第 16 条"资格后审一般在评标过程中的初步评审开始时进行"的规定,资格后审是作为招标评标的一个重要内容在组织评标时由评标委员会负责一并进行的,审查的内容与资格预审的内容是一致的。评标委员会是按照招标文件规定的评审标准和方法进行审查的。对资格后审不合格的投标人,评标委员会应当对其投标作废标处理,不再进行详细评审。

需要注意的是,机电产品国际招标对资格后审程序时间安排与一般做法有所不同。按照《机电产品国际招标投标实施办法》和《机电产品采购国际竞争性招标文件》的规定,资格后审是作为"合同授予前"的审查内容放在详细评审的最后阶段进行的,是对已经评出的"最低评标价的投标人或综合评价最优的投标人是否有能力令人满意地履行合同"等资格条件的审查。

2.5.3 资格审查步骤

根据国务院有关部门对资格预审的要求和《标准施工招标资格预审文件》范本的规定,资格预审一般按以下程序进行:

(1)编制资格预审文件。

(2)发布资格预审公告。

编制预审公告可参考以下形式:

（项目名称）标段施工招标

资格预审公告（代招标公告）

1. 招标条件

本招标项目<u>（项目名称）</u>已由<u>（项目审批、核准或备案机关名称）</u>以<u>（批文名称及编号）</u>至上批准建设，项目业主为_____，建设资金来自（资金来源），项目出资比例为_____，招标人为_____。项目已具备招标条件，现进行公开招标，特邀请有兴趣的潜在投标人（以下简称申请人）提出资格预审申请。

2. 项目概况与招标范围

（说明本次招标项目的建设地点、规模、计划工期、招标范围、标段划分等。）

3. 申请人资格要求

3.1 本次资格预审要求申请人具备_____资质，_____业绩，并在人员、设备、资金等方面具备相应的施工能力。

3.2 本次资格预审<u>（接受或不接受）</u>联合体资格预审申请。联合体申请资格预审的，应满足下列要求：_____。

3.3 各申请人可就上述标段中的<u>（具体数量）</u>个标段提出资格预审申请。

4. 资格预审方法

本次资格预审采用（合格制/有限数量制）。

5. 资格预审文件的获取

5.1 请申请人于___年___月___日至___年___月___日

（法定公休日、法定节假日除外），每日上午___时至___时，下午___时至___时（北京时间，下同），在（详细地址）持单位介绍信购买资格预审文件。

5.2 资格预审文件每套售价_____元，售后不退。

5.3 邮购资格预审文件的，需另加手续费（含邮费）_____元。招标人在收到单位介绍信和邮购款（含手续费）后_____日内寄送。

6. 资格预审申请文件的递交

6.1 递交资格预审申请文件截止时间（申请截止时间，下同）为___年___月___日___时___分，地点为_____。

6.2 逾期送达或者未送达指定地点的资格预审申请文件，招标人不予受理。

7. 发布公告的媒介

本次资格预审公告同时在（发布公告的媒介名称）上发布。

8. 联系方式

招标人：_____	招标代理机构：_____
地址：_____	地址：_____
邮编：_____	邮编：_____
联系人：_____	联 系 人：_____
电话：_____	电话：_____
传真：_____	传真：_____
电子邮件：_____	电子邮件：_____
网址：_____	网址：_____
开户银行：_____	开户银行：_____
账号：_____	账号：_____

年　　月　　日

（3）出售资格预审文件。

（4）资格预审文件的澄清、修改。

（5）潜在投标人编制并递交资格预审申请文件。

（6）组建资格审查委员会。

（7）资格审查委员会评审资格预审申请文件，并编写资格评审报告。

（8）招标人审核资格评审报告，确定资格预审合格申请人。

（9）向通过资格预审的申请人发出投标邀请书（代资格预审合格通知书），并向未通过资格预审的申请人发出资格预审结果的书面通知。

投标申请人资格预审合格通知书参考形式可如下：

投标申请人资格预审合格通知书

致：(预审合格的投标申请人名称)

鉴于你方参加了我方组织的招标编号为_____的(工程项目名称)工程施工投标资格预审，并经我方审定，资格预审合格。现通知你方作为资格预审合格的投标人就上述工程施工进行密封投标，并将有关事宜告知如下：

（1）凭本通知书于____年____月____日至____年____月____日，每天上午____时____分至____时____分，下午____时____分至____时____分(公休日、节假日除外)到(地址和单位名称)购买招标文件，招标文件售价为(币种，金额，望位)，无论是否中标，该费用不予退还。另需交纳图纸押金(币种，金额，单位)，当投标人退还图纸时，该押金同时退还给投标人(不计利息)。上述资料如需邮寄，可以书面通知招标人，并另加邮寄费用每套(币种，金额，单位)，招标人在收到邮购款_____日内，以快递方式向投标人寄送上述资料。

（2）收到此通知后_____日内，请以书面形式予以确认。如果你方不准备参加该投标，请于____年____月____日前通知我方，谢谢合作。

　　　　　　　　　　　　　　　招标人：_____(盖章)

　　　　　　　　　　　　　　　办公地址：_____

　　　　　　　　　　　　　　　邮编：_____联系电话：_____

　　　　　　　　　　　　　　　传真：_____联系人：_____

　　　　　　　　　　　　　　　招标代理机构：_____(盖章)

　　　　　　　　　　　　　　　办公地址：_____

　　　　　　　　　　　　　　　邮编：_____联系电话：_____

　　　　　　　　　　　　　　　传真：_____联系人：_____

　　　　　　　　　　　　　　　日期：_____年____月____日

其中，编制资格预审文件和组织进行资格预审申请文件的评审是资格预审程序中的两项重要内容。

2.5.4　资格审查作用

若采用资格预审，招标人应在招标公告中说明，这些要求和标准应平等地适用于所有的潜在投标人或投标人。招标人不得规定任何并非客观上合理的标准、要求或程序，限制或排斥潜在投标人或投标人，例如故意提高技术资格要求，使只有某一特定的潜在投标人或投标人才能达到要求。招标人也不得规定歧视某一投标人或某些投标人的标准、要求或程序，因为前者会限制或排斥投标人，后者会带给投标人不公平的待遇，最终也会限制竞争。

资格预审的作用如下：

（1）使招标人了解投标人的资信情况、技术水平、财务能力、施工经验、业绩等，从而选择在技术、财务和管理各方面能符合招标工程需要的投标人参加投标。

（2）减少多余的投标，降低招标和投标的无效成本。实行公开招标时，投标者的数量将会很多，大量递交标书，但可能只有少部分的投标人能够参加投标，因而将产生大量多余的投标书。实行资格预审，将审查不合格的投标者先行排除，减少多余的投标，减轻评标的工作量，缩短招标工作周期，同时那些可能不具备承担工程任务的投标人，也节省因投标而投入的人力、财力等投标费用。

（3）可以了解潜在的投标人对项目投标的兴趣。

2.6　建筑工程招标公告

2.6.1　招标公告发布媒介

招标公告应按照规定在指定的媒介上发布。《招标投标法》第 16 条第 1 款中规定："招标人采用公开招标方式的，应当发布招标公告。依法必须进行招标的项目的招标公告，应当通过国家指定的报刊、信息网络或者其他媒介发布。"

《招标公告发布暂行办法》（国家计委第 4 号令）中也做出了相关规定："国家发展计划委员会根据国务院授权，按照相对集中、适度竞争、受众分布合理的原则，指定发布依法必须招标项目招标公告的报纸、信息网络等媒介（以下简称指定媒介），并对招标公告发布活动进行监督；依法必须招标项目的招标公告必须在指定媒介发布；指定媒介发布依法必须招标项目的招标公告，不得收取费用，但发布国际招标公告的除外；指定报纸和网络应当在收到招标公告文本之日起七日内发布招标公告。各地方人民政府依照审批权限审批的依法必须招标的民用建筑项目的招标公告，可在省、自治区、直辖市人民政府发展计划部门指定的媒介发布。"随后，国家计委指定《中国日报》、《中国经济导报》、《中国建设报》和《中国采购与招标网》为发布依法必须招标项目招标公告的媒介，其中国际招标项目的招标公告应在《中国日报》上发布。

2.6.2　招标公告内容

发出招标公告是招标活动中的要约邀请，对招标人来讲具有法定的约束力，因而招标人不得随意更改招标公告的内容。招标公告的内容包括招标人的名称和地址，招标项目的性质、数量、实施地点、时间和项目的资金来源，以及对投标人的资质等级要求和获取招标文件的方法等事项。

（1）招标人的名称和地址。

招标人的名称和地址是对招标人情况的简单描述。招标人是进行招标的法人或者其他组织。法人或者其他组织的名称是区分一个法人或者组织与其他民事主体的重要标志。法人或者其他组织以其主要办事机构所在地称为住所，其地址一般是其住所所在地。

（2）招标项目的性质、数量、实施地点和时间。

招标项目的性质是描述该招标项目隶属的类型和专业属性。招标项目的数量是指将招标项目具体地加以量化，如设备供应量、土建工程量等。招标项目的实施地点是指设备、材料的供应地点、土建工程的建设地点等。招标项目的实施时间指计划开工日期、计划竣工日期和工期。

（3）获取招标文件的办法。

获取招标文件的办法指提示发售招标文件的地点、负责人，收费标准，招标文件的邮购地址及费用，招标人或招标代理机构的开户银行及账号等。

招标人或其委托的招标代理机构应当保证招标公告内容的真实、准确和完整。拟发布的招标公告文本应当由招标人或其委托的招标代理机构的主要负责人签名并加盖公章。经招标人或其委托的招标代理机构发布招标公告,应当向指定媒介提供营业执照(或法人证书)、项目批准文件的复印件等有关证明文件。招标公告的格式一般如下。

招标公告

(采用资格预审方式)

招标工程项目编号:(项目编号)

(1)(招标人名称)的(招标工程项目名称),已由(项目批准机关名称)批准建设。现决定对该项目的工程施工进行公开招标,选定承包人。

(2)本次招标工程项目的概况如下:

1)说明招标工程项目的性质、规模、结构类型、招标范围、标段及资金来源和落实情况等。

2)工程建设地点为(工程建设地点)。

3)计划开工日期为(开工年)年(开工月)月(开工日)日,计划竣工日期为(竣工年)年(竣工月)月(竣工日)日,工期(工期)日历天。

4)工程质量要求符合(工程质量标准)标准。

(3)凡具备承担招标工程项目的能力并具备规定的资格条件的施工企业,均可对上述(一个或多个)招标工程项目(标段)向招标人提出资格预审申请,只有资格预审合格的投标申请人才能参加投标。

(4)投标申请人须是具备建设行政主管部门核发的(行业类别)　(资质类别)　(资质等级)以上资质的法人或其他组织。自愿组成联合体的各方均应具备承担招标工程项目的相应资质条件;相同专业的施工企业组成的联合体,按照资质等级低的施工企业的业务许可范围承揽工程。

(5)投标申请人可从(获取预审文件的地址)处获取资格预审文件,时间为(获取开始生)年(获取开始月)月(获取开始日)日至(获取结束年)年(获取结束月)月(获取结束日)日,每天上午(获取上午开始时)时(获取上午开始分)分至(获取上午结束时)时(获取上午结束分)分,下午(获取下午开始时)时(获取下午开始分)分至(获取下午结束时)时(获取下午结束分)分(公休日、节假日除外)。

(6)资格预审文件每套售价为(币种,金额,单位)元,售后不退。如需邮购,可以书面形式通知招标人,并另加邮费每套(币种,金额,单位)元。招标人在收到邮购款后＿＿＿＿日内,以快递方式向投标申请人寄送资格预审文件。

(7)资格预审申请书封面上应清楚地注明"(招标工程项目名称)(标段名称)投标申请人资格预审申请书"字样。

(8)资格预审申请书须密封后,于(预审文件提交截止年)年(预审文件提交截止月)月(预审文件提交截止日)日(预审文件提交截止时)时以前送至(提交预审文件地址)处,逾期送达或不符合规定的资格预审申请书将被拒绝。

(9)资格预审结果将及时告知投标申请人,并预计于＿＿＿年＿＿＿月＿＿＿日发出资格预审合格通知书。

(10)凡资格预审合格的投标申请人,请按照资格预审合格通知书中确定的时间、地点和方式获取招标文件及有关资料。

招标人:＿＿＿＿＿＿＿＿(招标人名称)

办公地址:＿＿＿＿＿＿(招标人办公地址)

邮政编码:(招标人邮编)　联系电话:＿＿(招标人电话)

传真:(招标人传真)　联系人:＿＿(招标人联系人)

招标代理机构:＿＿＿(招标代理机构名称)

办公地址:＿＿＿＿(招标代理机构地址)

邮政编码:＿(招标代理邮编)　联系电话:(招标代理电话)

传真:＿＿(招标代理传真)　联系人:＿(招标代理联系人)

日期:＿＿＿年＿＿＿月＿＿＿日

招标公告
（采用资格后审方式）
招标工程项目编号：　　（项目编号）　　

　　（1）（招标人名称）的（招标工程项目名称），已由（项目批准机关名称）　批准建设。现决定对该项目的工程施工进行公开招标，选定承包人。

　　（2）本次招标工程项目的概况如下：

　　1）说明招标工程项目的性质、规模、结构类型、招标范围、标段及资金来源和落实情况等。

　　2）工程建设地点为　　　　　　（工程建设地点）　　　　　　。

　　3）计划开工日期为（开工年）年（开工月）月（开工日）日，计划竣工日期为（竣工年）年（竣工月）月（竣工日）日，工期（工期）日历天。

　　4）工程质量要求符合　（工程质量标准）　标准。

　　（3）凡具备承担招标工程项目的能力并具备规定的资格条件的施工企业，均可参加上述　（一个或多个）　招标工程项目（标段）的投标。

　　（4）投标申请人须是具备建设行政主管部门核发的　（行业类别）（资质类别）（资质等级）　及以上资质的法人或其他组织。自愿组成联合体的各方均应具备承担招标工程项目的相应资质条件；相同专业的施工企业组成的联合体，按照资质等级低的施工企业的业务许可范围承揽工程。

　　（5）本工程对投标申请人的资格审查采用资格后审方式，主要资格审查标准和内容详见招标文件中的资格审查文件，足有资格审查合格的投标申请人才有可能被授予合同。

　　（6）投标申请人可从　（获取招标文件地址）　处获取招标文件、资格审查文件和相关资料，时间为（获取开始年）年（获取开始月）月（获取开始日）日至（获取结束年）年（获取结束月）月（获取结束日）日，每天上午（获取上午开始时）时（获取上午开始分）分至（获取上午结束时）时（获取上午结束分）分，下午（获取下午开始时）时（获取下午开始分）分至（获取下午结束时）时（获取下午结束分）分（公休日、节假日除外）。

　　（7）招标文件每套售价为（币种，金额，单位）元，售后不退。投标人需交纳图纸押金（币种，金额，单位）元，当投标人退还全部图纸时，该押金将同时退还给投标人（不计利息）。本公告第6条所述的资料如需邮寄，可以书面形式通知招标人，并另加邮费每套　　　　　元。招标人在收到邮购款后　　　　　日内，以快递方式向投标申请人寄送上述资料。

　　（8）投标申请人在提交投标文件时，应按照有关的规定提供不少于投标总价的　　　　　％或（币种，金额，单位）元的投标保证金或投标保函。

　　（9）投标文件提交的截止时间为（投标文件提交截止年）年（投标文件提交截止月）月（投标文件提交截止日）日（投标文件提交截止时）时（投标文件提交截止分）分，提交到（提交投标文件地址）。逾期送达的投标文件将被拒绝。

　　（10）招标工程项目的开标将于上述投标截止的同一时间在（开标地点）公开进行，投标人的法定代表人或其委托代理人应准时参加。

　　　　　　　　招标人：　　　　　　　　　　　（招标人名称）
　　　　　　　　办公地址：　　　　　　　　　（招标人办公地址）
　　　　　　　　邮政编码：　（招标人邮编）　　　联系电话：　（招标人电话）
　　　　　　　　传真：　（招标人传真）　　　　联系人：　　（招标人联系人）
　　　　　　　　招标代理机构：　　　　　　　（招标代理机构名称）
　　　　　　　　办公地址：　　　　　　　　　（招标代理机构地址）
　　　　　　　　邮政编码：（招标代理邮编）　　　联系电话：（招标代理电话）
　　　　　　　　传真：（招标代理传真）　　　　联系人：（招标代理联系人）
　　　　　　　　　　　　　　　　　　日期：　　年　　月　　日

3　建筑工程投标

3.1　建设工程投标程序

3.1.1　投标的流程图

1.投标的基本工作程序

投标人从获取招标项目信息、决定参加投标竞争,到给招标人或招标代理机构送交投标文件的过程就是投标的过程。

一般投标的基本工作程序如图3.1所示。

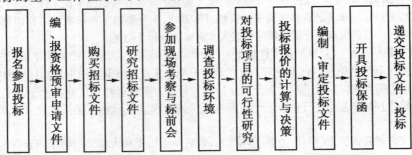

报名参加投标 → 编、报资格预审申请文件 → 购买招标文件 → 研究招标文件 → 参加现场考察与标前会 → 调查投标环境 → 对投标项目的可行性研究 → 投标报价的计算与决策 → 编制、审定投标文件 → 开具投标保函 → 递交投标文件、投标

图3.1　一般投标程序流程示意图

2.开标会议程序

一般开标会议的程序为:

(1)主持人宣布开标会议开始。

(2)介绍参加开标会议的单位。

(3)宣布公证人员和唱标、监标、记录等工作人员名单。

(4)请各投标单位代表确认其投标文件的密封完整性,并请监督人员当众宣读密封核查结果。

(5)由工作人员当众拆封并宣读投标人名称、投标价格、投标保证金和投标文件的有关内容。

(6)对设有标底的,在全部唱标完毕后,当众宣读标底。

(7)做好开标记录,并签字确认,存档备查。

(8)宣读评标注意事项。

(9)宣布开标会议结束。

具体开标程序如图3.2所示。

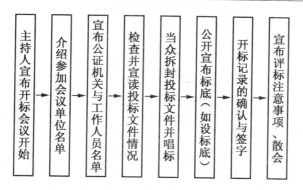

图3.2 一般开标会议流程示意图

3.评标程序

如图 3.3 所示是一般评标工作的流程示意图。

图3.3 一般评标流程示意图

3.1.2 投标的实施步骤

投标是一种法律行为,是投标人在市场经济条件下获取工程项目的主要手段,所以对于投标人来讲,投标的前期工作是十分重要的,其对于投标人能否顺利获得工程项目有着直接的影响。投标工作需要耗费大量的资源,包括费用和时间,这些都需要投标人来承担,因此投标人必须认真做好投标的前期工作,使自身在投标竞争中处于有利地位。

投标实施步骤如图 3.4 所示。

3.1.3 投标的准备

1.获取招标信息

在市场上,只有在交易双方间的信息充分沟通的基础上才能进行交易。同样道理,在招标投标中,只有在投标人充分掌握招标人与招标项目的充分信息的情况下,以及招标人充分了解投标人参与项目建设的充分信息的条件下才能实现。

这类信息由项目性质、项目招标人、项目合法性、项目资金来源、项目的概况、投标人资质要求等内容构成,一般通过招标投标程序中的招标公告或投标邀请书,及招标人的资格预审文件来体现。

2.前期投标决策

在获取招标信息后,投标人应判断这类信息的真实性、可靠性,若其真实、可靠,再结合自身的实际进行对照比较,得出投标的可行性结论之后,才能作出参与投标的决策,才可以由潜在的投标人转化为现实的投标人进入购买招标文件与提交投标保证金的程序。针对上述信息的分析与研究一般包括下面几方面：

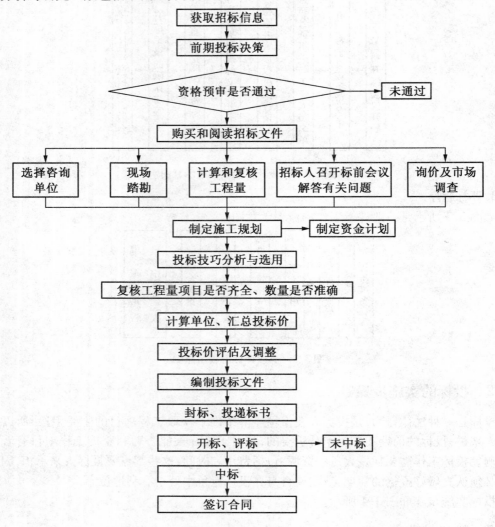

图 3.4　投标实施步骤流程图

（1）对招标人及招标项目的研究。

对招标人的研究主要是集中对招标人的诚信度与可靠度等方面的研究；对招标项目的研究则主要集中在项目是否合法合规、施工条件、施工与技术要求、资金投入、市场供应等方面进行。

（2）对竞争对手的研究。

投标人在确定参与投标后，对竞争对手进行研究，并在此基础上作出投标策略、战略决策就成为投标制胜的关键。对最有可能的投标竞争对手进行分析后，应能得出下述三种主要判断：

1）竞争对手的实力，即指竞争对手的资金实力、技术实力、管理实力。

2）判断竞争对手参与投标的决心。

3）判断竞争对手投标的策略。

（3）对投标人自身的研究。

投标人在投标决策的过程中，应清醒地认识自己，以此作出客观、科学的投标决策。投标人应作出的主要判断有：

1）判断自身承担招标项目的能力。

2）判断自身承担项目的机会成本。

3）判断自身承担项目的工程风险和财务风险。

4）判断与竞争对手相比自身的优势与劣势。

5）判断所承担的项目有无合作伙伴（如材料供应商、设备供应商、劳务供应商等）的可能及合作伙伴支持力度。

6）判断自身的融资渠道是否畅通。

经过上述三方面的研究判断，投标人可以根据这些作出是否参与投标的决策。

3. 成立投标组织

工程招标与投标是激烈的市场竞争活动，招标人希望通过招标以较低的价格在较短的工期内获得技术先进、品质优良的工程产品。投标人希望通过自己在技术、经验、实力和信誉等方面的优势在竞争中获胜，占据市场，求得发展。因此，当一个公司参加工程投标时，组织一个强有力的、内行的投标班子是十分重要的。

该投标班子能及时掌握市场动态，了解价格行情，可以基本判断拟投标项目的竞争态势，注意收集和积累有关资料，熟悉工程招标投标的基本程序，能承担起选择投标对象，认真研究招标文件和图纸，现场进行勘察，能根据具体项目的各种特点制定出合适的投标报价策略，确定投标报价、编制投标文件以至中标。中标后则负责合同谈判、合同条款的起草及签订等工作。一个投标班子应由经营管理类人才、专业技术人才、商务金融类人才，以及合同管理类人才组成。

（1）经营管理类人才。

经营管理类人才指专门从事工程承包经营管理、制定和贯彻经营方针与规划，负责工作的全面筹划和安排，具有决策水平的人才。他们不仅熟悉本公司在各类分部分项工程中的工料消耗标准和水平，而且客观地分析和认识本公司的技术特长与不足之处，掌握生产要素的市场行情，了解竞争对手的情况，能运用科学的调查、分析、预测的方法，使投标报价工作建立在可靠的基础上。

（2）专业技术人才。

所谓专业技术人才，主要是指工程设计及施工中的各类技术人员，如建筑师、土木工程师、电气工程师、机械工程师等专业技术人员。他们应掌握本学科最新的专业知识，具备熟练的实际操作能力，便于在投标时能从本公司的实际技术水平出发，考虑各项专业实施方案。

（3）商务金融类人才。

商务金融类人才指从事金融、贷款、保险、采购、保函等专业知识方面的人才。

（4）合同管理类人才。

合同管理类人才指熟悉合同相关法律法规，熟悉合同条件并能对其进行深入分析，善于发现和处理索赔等方面问题的人才。

3.1.4　现场踏勘

投标人取得招标文件并做了初步研究之后,应依据招标文件中规定的时间和地点,进行现场踏勘。现场踏勘对投标估价的精确度、成本费用估算、了解投标人将要面临的风险有很大的帮助,可为投标估价提供第一手可靠资料,因此投标人应充分重视现场的踏勘工作。

现场踏勘的目的有两项:一是让投标人了解熟悉项目的现场条件、自然环境等,便于进行投标估价;二是投标人通过对现场的踏勘,能够确定投标原则和选择正确的投标策略。依照国际惯例,投标人提出的报价通常被认为是在现场踏勘的基础上编制的报价。一旦开标后,投标人就无权因为现场踏勘不周详、情况了解不详细或因素考虑不全面而提出修改投标、调整报价或提出补偿等要求。

投标人现场踏勘的费用由投标人自行负担,但是可以将其考虑到投标估价中,未中标的投标人此项费用只能由自己承担。投标人在现场考察之前,应先拟定好现场考察的提纲和疑点,现场做到有准备、有计划地进行考察。一般现场考察的主要内容包括:

(1)地理、地貌、气象方面。

1)项目所在地及附近地形地貌是否与设计图纸相符。

2)项目所在地的河流水深、地下水情况、水质等。

3)项目所在地近 20 年的气象,如最高最低气温、每月雨量雨日、冰冻深度、降雪量、冬季时间、风向、风速、台风等情况。

4)当地特大风、雨、雪、灾害情况。

5)地震灾害情况。

6)自然地理如修筑便道位置、高度、宽度,标准运输条件及水、陆运输情况。

(2)工程施工条件。

1)工程所需当地建筑材料的来源及分布地。

2)现场内外交通运输条件,现场周围道路桥梁通过能力,便道便桥修建位置、长度数量。

3)施工供电、供水条件、外电架设的可能性。

4)新盖生产生活房屋的场地及可能租赁民房情况、租地单价。

5)当地劳动力来源、技术水平及工资标准情况。

6)当地施工机械租赁、修复能力。

(3)经济方面。

1)工程所需各种材料及其价格情况。

2)当地买土地点、数量、单价、运距。

3)当地各种运输、装卸及汽柴油价格。

4)当地主副食供应、价格情况和近几年物价上涨率。

(4)安保方案。

工程所在地有关健康、安全、环保和治安情况,如医疗设施、救护工作、环保要求、废料处理、保安措施等。

为了方便投标人提出的问题可以顺利得到解答,现场踏勘一般安排在投标预备会的前几天,投标人在现场踏勘中存在的疑难问题,应以书面形式在投标预备会前向招标人提出,但同时也要给招标人留出必要的解答时间。

3.1.5　参加投标预备会

投标人对现场踏勘完毕后,应依据招标文件中规定的时间,参加招标人组织的投标预备会,也称标前会议。投标预备会的目的是为投标人澄清招标文件中的一些疑义,同时由招标人解答投标人有关招标文件和现场踏勘所提出的问题。投标预备会是招标人给所有投标人提供的一次答疑的会议。投标人应将招标文件中的问题及通过现场踏勘后发现的问题及时向招标人提出。招标人对投标人所提出的问题,必须以书面形式回答,并作为招标文件的组成部分,与招标文件具有同等的效力。

投标预备会由招标人主持召开,说明或者解释招标文件和现场情况,并解答投标人所提出各项相关问题,包括书面形式和口头形式所提出的问题。招标人负责整理会议记录和解答内容,并以书面形式向所有的投标人发出。

3.1.6　投标文件的递交和接收

投标文件编制完成后,投标人应根据招标文件的规定,向招标人或者招标代理机构递交投标文件,招标人或招标代理机构收到投标文件后,应进行签收。只要递交了投标文件,就表明投标人正式参加该项目的投标竞争。

（1）投标文件的密封符合要求。

密封好递交的投标文件是招投标的一个重要过程,作为投标人,必须严格执行招标文件中有关投标文件密封的规定,否则,投标文件将不会被招标人接收或直接当做废标来处理。投标文件编制完成后,必须依照招标文件规定的密封方式进行封装。

（2）投标文件中注明正本与副本。

投标人应依据招标文件所要求的数量编制装订投标文件,并标注清楚投标文件的正本与副本,当投标文件的正本与副本不一致时,以正本为准。

（3）投标文件的签字盖章手续完备。

投标文件应当由投标人的法定代表人或其授权代理人签字,否则,投标文件将按废标进行处理。

（4）投标文件的送达。

投标人应当在招标文件所规定的截止时间之前提交投标文件,将投标文件送达招标文件中所规定的投标地点。投标文件的送达可以采用专人送达或邮寄方式。在提交投标文件截止时间之后送达的投标文件,招标人应拒收。

（5）投标文件的补充、修改或撤回。

在投标时间截止前,投标人可以对提交的投标文件进行补充、修改或撤回。在投标日期截止之后,投标人不得对投标文件做出任何的补充、修改或撤回,否则,将没收其投标保证金。投标人对投标文件所做的补充或修改内容作为投标文件的组成部分,具有同等效力。

补充是指对投标文件中遗漏和不足的部分进行增补。修改是指对投标文件中已有的内容进行修订。在招标投标过程中,由于投标人对招标文件的理解和认识水平不一,有些投标人对招标文件时常发生误解,或投标文件对一些重要的内容有遗漏,投标人需要补充、修改的,可以在提交投标文件日期截止前进行补充或者修改。补充或修改的内容为投标文件的组成部分。这些修改和补充的文件也应当以密封的方式在规定截止时间之前送达,并作为投标文件的组成部分。招标人要严格履行签收登记手续,并存放在安全保密的地方,在开标时一起拆开。在投标文件审定过程中,招标人或评标委员会应当全面检查投标文件。

撤回是指收回全部投标文件,或者放弃投标,或者以新的投标文件重新投标。在投标截止日期以前投标人也有权撤回已经递交的投标文件。这体现了契约自由的原则,招标一般被看作要约邀请,而投标则作为一种要约,潜在投标人是否做出要约,完全由潜在投标人的意愿决定。所以在投标截止日期之前,允许投标人撤回投标文件,但必须以书面形式通知招标人被撤回已经提交的投标文件,以备案待查。如果在投标截止日期之前放弃投标,招标人不允许没收其投标保证金。如果在投标截止日期之后,投标人撤回已经递交的投标文件,就要被没收投标保证金。

(6)投标担保的递交。

招标文件中如果要求投标人递交投标担保的,投标人应将投标担保与投标文件一同递交给招标人,否则,其招标人会拒收投标文件。

(7)投标文件的接收。

对于采用专人送达的投标文件,招标人或者招标代理机构收到投标文件后,应当向投标人出具收条,对于采用邮寄方式送达的投标文件,招标人收到后应向投标人作出回应。如果以邮寄方式送达的,投标人必须留出邮寄的时间,保证投标文件能够在截止日期前送达招标人指定的地点,而不是以"邮戳为准"。在投标截止时间后送达的投标文件,该文件应当原封退回,不得进入开标阶段。对于所接收的投标文件,在开标前应妥善保管,不得开启。

为了保证充分竞争,对于投标人少于 3 个的,一般应当重新招标。这种情况在国外称之为"流标"。按照国际惯例,至少有 3 家投标者才能带来有效竞争。因为少于 3 家参加投标,缺乏竞争,投标人可能提高采购价格,损害招标人的利益。

3.2　建筑工程投标文件

投标是指投标人根据招标文件的要求,编制并提交投标文件,响应招标、参加投标竞争的活动。投标是招标投标活动的第二阶段,投标人作为招标投标法律关系的主体之一,其投标行为的规范与否将直接影响到最终的招标效果。

投标文件是投标人向招标人发出的一项重要文件,是投标人正式参加投标竞争的标志。作为投标人,在进行上述各项前期工作后,应该认真地编制投标文件,并按照招标文件所规定的时间,向招标人递交投标文件。

3.2.1　投标文件的内容

《招标投标法》第27、第30条对投标文件规定,投标人应当按照招标文件的要求编制投标文件。投标文件应当对招标文件提出的实质性要求和条件作出响应。招标项目属于建设施工的,投标文件的内容应当包括拟派出的项目负责人与主要技术人员的简历、业绩和拟用于完成招标项目的机械设备等。投标人根据招标文件载明的项目实际情况,拟在中标后将中标项目的部分非主体、非关键性工作进行分包的,应当在投标文件中载明。

按此原则,国务院有关部门对不同类型项目的投标文件内容及构成进行了具体规定。

1. 工程建设施工项目

工程建设施工项目投标文件一般主要包括两部分：一是商务标，二是技术标。

（1）商务标。

商务标又分为商务文件和价格文件。商务文件是用以证明投标人是否履行合法手续及招标人了解投标人商业资信、合法性的文件；价格文件是与投标人的投标报价相关的文件。商务标主要包括以下内容：

1）投标函及投标函附录。

①投标函。按照招标文件的要求，向招标人或招标代理机构所致信函。此类信函一般按照招标文件中所给的标准格式填写，主要内容为对此次招标的理解和对有关条款的承诺。最后，在落款处加盖企业法人印鉴和法定代表人或其委托代理人印鉴。

②投标函附录。投标函中未体现的、招标文件中有要求的条款，如工程项目经理、工程工期、缺陷责任期等。

2）法定代表人身份证明书。可采用营业执照或按招标文件要求的格式填写。

3）投标文件授权委托书。法定代表人授权企业内部人员代表其参加有关此项目的招标活动，以书面形式下达，代理人员就可以代表企业法定代表人签署有关文件，并具有法律效应。

4）投标保证金。明确投标保证金的支付时间、支付金额及责任。

5）已标价工程量清单（或单位工程预算书）。按照招标文件的要求以工程量清单报价形式或工程预算书形式详细表述组成该工程项目的各项费用总和。

6）资格审查资料。为向招标人方证明企业有能力承担该项目施工的证据，展示企业的实力和社会信誉。《标准施工招标文件》中资格审查资料包括：投标人基本情况表、近年财务状况表、近年完成的类似项目情况表、正在实施的和新承接的项目情况表、其他资格审查资料。

（2）技术标。

在工程建设投标中，技术文件即指施工组织建议书，它包括全部施工组织设计内容。该文件对招标人而言，是用以评价投标人的技术实力和经验的标识；对投标人而言，则是投标人中标后的项目施工组织方案。技术复杂的项目对技术文件的编写内容及格式均有详细的要求，投标人应当认真按照要求编制。

1）施工组织设计。投标人编制施工组织设计的要求：

①编制时应简明扼要地说明施工方法，工程质量、安全生产、文明施工、环境保护、冬雨季施工、工程进度、技术组织等主要措施。

②用图表形式阐明本项目的施工总平面、进度计划，以及拟投入主要施工设备、劳动力、项目管理机构等。

2）项目管理机构。即要求投标企业把对拟投标工程的管理机构以表格的形式表达出来。一般要编制项目管理机构组成表、项目经理简历表，主要是为了考察投标人的实力及拟担任管理人员的以往业绩。

2. 工程建设货物项目

根据《工程建设项目货物招标投标办法》第 33 条中的规定，工程建设货物项目的投标文件一般包括：

（1）投标函。

（2）投标一览表。

（3）技术性能参数的详细描述。

（4）商务和技术偏差表。

（5）投标保证金。

（6）有关资格证明文件。

（7）招标文件要求的其他内容。

3. 机电产品国际招标项目

《机电产品采购国际竞争性招标文件》中规定,机电产品国际招标项目的投标文件一般包括:

（1）投标书、投标分项报价表,以及供唱标使用的、单独密封的开标一览表。

（2）资格证明文件,证明投标人是合格的,而且中标后有能力履行合同。

（3）投标货物的证明文件,证明投标人提供的货物及服务是合格的,且符合招标文件规定。

（4）按照规定提交的投标保证金。

4. 建筑工程方案设计招标项目

建筑工程方案设计投标文件一般包括商务文件和技术文件。《建筑工程方案设计招标投标管理办法》第 17 条中的规定:"对政府或国有资金投资的大型公共建筑工程项目,招标人应当在招标文件中明确参与投标的设计方案必须包括有关使用功能、建筑节能、工程造价、运营成本等方面的专题报告。"

5. 政府采购货物和服务项目

《政府采购货物和服务招标投标管理办法》第 30 条规定,政府采购货物和服务项目的投标文件一般"由商务部分、技术部分、价格部分和其他部分组成。"

政府采购货物和服务项目投标文件的构成有以下三种:

（1）投标文件(商务部分)。

主要包括:投标文件;开标一览表;投标设备分项报价表;技术规格偏离表;商务条款偏离表。

（2）投标文件。

主要包括:技术规格表;供货设备清单及分项报价明细表;供货设备专用工具清单;设备和材料的质量标准及检查。

（3）投标文件(资格及资质材料)。

主要包括:投标授权书;联合体协议;营业执照;业绩资料。

3.2.2　投标文件的编制要求

《招标投标法》第 27 条中明确规定:"投标人应当按照招标文件的要求编制投标文件。投标文件应当对招标文件提出的实质性要求和条件作出响应。"

招标文件通常对投标文件编制规定具体要求,不同类型的项目,其适用的招标文件标准文本对此的相关要求也有所区别。

投标文件应当对招标文件提出的实质性要求和条件作出响应,不能满足任何一项实质性要求的投标文件将被拒绝。实质性要求和条件是指招标文件中有关招标项目的价格、项目的计划、技术规范、合同的主要条款等。因此,响应招标文件的要求是投标文件编制的基本前提。投标人应认真研究、正确理解招标文件的全部内容,并按照要求编制投标文件。

工程施工项目

《标准施工招标文件》中有关投标文件的规定,主要有:投标文件的组成、投标报价、投标有效期、投标保证金、资格审查资料、备选投标方案、投标文件的编制、投标文件格式要求等。

(1)编制投标文件的两项基本要求。

1)按照招标文件的要求编制投标文件。投标文件是对招标文件的响应,因此投标人必须且只能按照招标文件载明的要求编制自己的投标文件,方有中标的可能。

2)按招标文件的实质性要求和条件而作出响应。投标文件要对招标文件提出的实质性要求和条件作出响应,主要是指投标文件的内容应当对招标文件规定的实质要求和条件一一作出相对应的回答,不能存在遗漏或重大的偏离,否则将被视为废标,失去中标的可能。这就需要投标人认真研究、正确理解招标文件的全部内容,严格按照招标文件填报,不得对招标文件进行修改,不得遗漏或者回避招标文件中的问题,更不能随意提出任何附带条件。

(2)编制建设施工项目的投标文件的特殊要求。

工程建设施工项目的投标文件,除符合上述两项基本要求外,还应当包括如下内容:

1)拟派出的项目负责人和主要技术人员简历。简历的内容包括项目负责人和主要技术人员的姓名、职务、职称、参加过的施工项目等情况。

2)业绩。业绩一般是指投标人近三年承建的施工项目。通常应具体写明施工项目的建设单位、项目名称与建设地点、结构类型、建设规模、开竣工日期、合同价格和质量达标等情况。

3)拟用于完成招标项目的机械设备。编制时通常应将投标人拟用于完成招标项目的机械设备以表格的形式列出,主要包括机械设备的名称、型号规格、数量、产地、制造年份、主要技术性能等内容。

4)其他。其他的内容如近两年的财务会计报表、下一年的财务预测报告等投标人的财务状况;全体员工人数特别是技术工人人数;现有的主要施工任务,包括在建或者尚未开工的工程;工程进度等招标文件所要求在投标文件中载明的内容。

3.2.3　投标文件的编制原则

(1)依法投标。

严格按照《招标投标法》等国家法律、法规的规定编制投标文件。

(2)诚实信用的原则。

对提供的数据准确可靠,对作出的承诺负责履行不打折扣。

(3)按照招标文件要求的原则。

对提供的所有资料和材料,必须从形式到内容都响应和满足招标文件的要求。

(4)用语言文字上力求准确严密、周到、细致,切不可模棱两可。

(5)从实际出发。

在依法投标的前提下,可以充分运用和发挥投标竞争的方法和策略。

3.2.4　投标文件的澄清和修改

《招标投标法》第 23 条规定："招标人对已发出的招标文件进行必要的澄清或者修改的，应当在招标文件要求提交投标文件截止时间至少 15 日前，以书面形式通知所有招标文件收受人。该澄清或者修改的内容为招标文件的组成部分。"《招标投标法实施条例》第 21 条对其进行了进一步的说明："招标人可以对已发出的资格预审文件或者招标文件进行必要的澄清或者修改。澄清或者修改的内容可能影响资格预审申请文件或者投标文件编制的，招标人应当在提交资格预审申请文件截止时间至少 3 日前，或者投标截止时间至少 15 日前，以书面形式通知所有获取资格预审文件或者招标文件的潜在投标人；不足 3 日或者 15 日的，招标人应当顺延提交资格预审申请文件或者投标文件的截止时间。"

《招标投标法实施条例》第 22 条规定，潜在投标人或者其他利害关系人对资格预审文件有异议的，应当在提交资格预审申请文件截止时间 2 日前提出；对招标文件有异议的，应当在投标截止时间 10 日前提出。招标人应当自收到异议之日起 3 日内作出答复；作出答复前，应当暂停招标投标活动。

这里的"澄清"，是指招标人对招标文件中的遗漏、词义表述不清或对比较复杂事项进行的补充说明和回答投标人提出的问题。这里的"修改"是指招标人对招标文件中出现的遗漏、差错、表述不清等问题认为必须进行的修订。对招标文件的澄清与修改，应当注意以下三点：

1. 招标人有权对招标文件进行澄清与修改

招标文件发出以后，无论出于何种原因，招标人可以对发现的错误或遗漏，在规定时间内主动地或在解答潜在投标人提出的问题时进行澄清或者修改，改正差错，避免损失。

2. 澄清与修改的时限

招标人对已发出的招标文件的澄清与修改，按《招标投标法》第 23 条规定："应当在提交投标文件截止时间至少 15 日前通知所有购买招标文件的潜在投标人。"

按照《政府采购货物和服务招标投标管理办法》第 28 条规定：对政府采购项目投标和开标截止时间、投标和开标地点的修改，至少应当在招标文件要求提交投标文件的截止时间 3 日前进行，并以书面形式通知所有购买招标文件的收受人。在财政部门指定的政府采购信息发布媒体上发布更正公告。

3. 澄清或者修改的内容的范围

按照《招标投标法》第 23 条关于招标人对招标文件澄清和修改应"以书面形式通知所招有标文件收受人。该澄清或者修改的内容为招标文件的组成部分"的规定，招标人可以直接采取书面形式，也可以采用召开投标预备会的方式进行解答和说明，但最终必须将澄清与修改的内容以书面方式通知所有招标文件收受人，而且作为招标文件的组成部分。《政府采购货物和服务招标投标管理办法》第 27 条还规定，招标采购单位对已发出的招标文件进行必要澄清和修改的，应在财政部门指定的政府采购信息发布媒介上发布更正公告，并以书面形式通知所有招标文件收受人，该澄清或者修改的内容为招标文件的组成部分。

《标准施工招标文件》中问题澄清通知、问题的澄清的格式范例见表 3.1、3.2。

表 3.1 问题澄清通知格式

问题澄清通知

_____编号：

_____（投标人名称）：

_____（项目名称）招标的评标委员会，对你方的投标文件进行了仔细的审查，现需你方对下列问题以书面形式予以澄清：

1.

2.

……

请将上述问题的澄清于 ____年____月____日____时前递交至_____（详细地址）或传真至_____（传真号码）。采用传真方式的，应在____年____月____日____时前将原件递交至_____（详细地址）。

招标人或招标代理机构：_____（签字或盖章）

____年____月____日

表 3.2 问题澄清格式

问题的澄清

_____编号：

_____（项目名称）招标评标委员会：

问题澄清通知（编号：_____）已收悉，现澄清如下：

1.

2.

……

投标人：_____（盖单位章）

法定代表人或其委托代理人：_____（签字）

____年____月____日

3.2.5 技术标文件的编制

技术文件是指投标人编制的投标文件中的技术标，即通常所说的施工组织设计或施工组织建议书。所谓施工组织设计就是导工程投标、签订承包合同、施工准备和施工全过程的技术经济文件。它作为项目管理的规划性文件，提出工程施工中进度控制、质量控制、成本控制、安全控制、现场管理、各项生产要素管理的目标及技术组织措施。它不仅要解决施工技术问题，指导施工全过程，同时又要考虑经济效果。每一项施工组织设计，都是保证工程顺利进行、确保工程质量、有效控制工程造价的重要方案。一份完整、详细、有针对性的施工组织设计，可以体现出投标企业的实力，并在评标时得到较高的分数。根据编制的对象可以将施工组织设计分成施工组织条件设计、建设项目施工组织总设计、单项工程施工组织总设计、单位工程施工组织设计和主要分部分项工程的施工组织设计。

（1）施工组织设计的内容。

一般来说，一份施工组织设计主要包含工程概况、施工管理组织与施工部署及主要施工方案。

1)工程概况。工程概况包括:工程名称、代号、地址、总规模、生产能力、总投资(或总造价)等;工程组成、面积、结构等;工程特点、地区特点、场地特点、地质水文特点、施工条件、技术经济条件、气候条件、地震裂度等;设计单位、设计进度、建筑概况、结构概况、设备安装概况等;工程承包合同目标,包括工期及进度、质量、造价、安全、环境、主要材料用量、承包合同中乙方义务的描述。

2)施工管理组织。施工管理组织包括:施工项目经理部的组织机构图;各职能部门(或职能人员)的职责分工;拟建立的主要规章制度;内部承包规划和合同管理规划。

3)施工部署及主要施工方案。施工部署及主要施工方案包括:分包计划;劳动力筹集计划;材料与预制构件供应、采购、订货规划;建筑机械设备选用(自备、购买及租赁)计划;项目经理部内部的工作任务安排;主要单体工程施工方案初步设计;分期分批施工规划。

必须指出,除上述主要内容外,一份施工组织设计,还要包括:施工准备规划;施工总进度计划;各种资源需用计划;施工总平面布置图;施工项目质量体系的设计;成本目标控制规划;安全环境控制目标及风险管理规划;指标计算与分析。

(2)施工组织设计的编制程序及重点。

1)施工组织设计编制的程序。施工组织设计是施工企业控制和指导施工的文件,必须结合工程实体,内容要科学合理。在编制前应会同各有关部门及人员,共同讨论和研究施工的主要技术措施和组织措施。施工组织设计的编制程序如图3.5所示。

2)施工组织设计编制的重点。施工组织设计是招标人评标的主要依据之一,稍微的疏忽都会使招标人产生疑问而影响工程中标。因此,在编制施工组织设计时要把握以下几个要点:

①把握重点和兼顾全面。实践表明,投标人在施工组织设计时通常存在以下两方面的问题:

a.有的投标人的施工组织设计编制脱离实际,偏离编制原则。施工组织设计是指导施工生产的计划书,其编制原则要求突出重点、简明扼要、因地制宜、结合实际、协调恰当。施工方案必须考虑工程的自身特点、位置、环境,着重处理该工程的矛盾和难点问题。若其方案没有考虑工程特点、规模大小、结构复杂程度等因素,即使施工组织设计装帧美观,但必然华而不实,不能指导施工。

b.施工组织设计内容相互矛盾又存在漏洞。目前,投标人普遍采用通用标准软件编制施工组织设计,由于投标的工程普遍存在具体性和特殊性,所以在编制施工组织设计时既要考虑软件的通用性,更要考虑使用的具体性。编制好投标方案的关键是根据工程实际情况,做到既要把握住重点项目,又要兼顾全面无遗漏。

②重点编制现场管理体系。投标的施工组织方案的重点之一是要确定适应工程施工管理需要的现场管理体系,组织精干的管理班子。招标人对技术标中的这一问题一般比较重视,投标人应在施工组织方案中予以重点编制。

③重点编制施工进度计划。投标的施工组织方案的重点之二是要编制好施工进度计划。在进度计划中不仅要明确重要节点(如地下室完成、主体封顶等)的完成日期,有时候对复杂的施工阶段还要排出更细的计划。例如,对于有砼内支撑的深基坑施工,就必须明确支护挡土结构的施工时间,内支撑浇筑与土方的交叉作业安排,内支撑拆除与地下室施工的安排等;在主体结构施工阶段,明确砌体的插入时机,内粉刷、门窗、楼地面工程施工安排,电气、给排

水、暖通的配合与插入等。在此基础上,必须制定好相应的保证工期的措施。

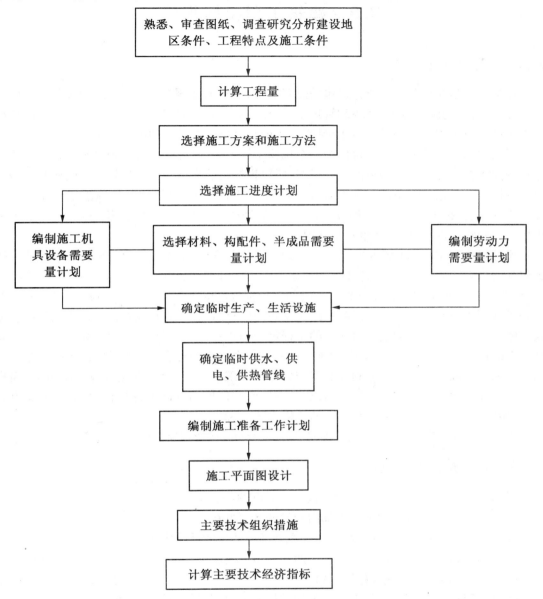

图 3.5 施工组织设计编制程序图

④制定安全技术措施。投标的施工组织方案的重点之三是制定好安全技术措施,其中最为重要的是深基坑及周围环境的安全问题要得到足够重视。因为煤气、自来水、电缆、道路以及建筑物离基坑越来越近,对地铁、古树的保护要求也日益严格,安全防护难度加大。对上述事项必须制定相应的切实可行的保护措施,这已成为编制投标的施工组织方案的一大重点。

⑤做好施工平面布置的规划。投标的施工组织方案的重点之四是规划好施工平面布置,搞好文明施工。这虽然不是直接影响工程质量的原则问题,但却是衡量承包方施工管理水平高低和是否注重社会效益的一个重要方面,而且招标人往往也重视投标人对于这方面的安排。

3.3　建筑工程投标报价

3.3.1　投标报价的概述

投标报价是在工程采用招标发包的过程中,由投标人依据招标文件的要求,参照工程特点,并结合自身的施工技术、装备和管理水平,按照有关计价规定自主确定的工程造价,是投标人希望达成工程承包交易的期望价格,它不能超过招标人设定的招标控制价。

因为招标人通常把投标报价作为一个选择中标人主要标准,也是作为将来在合同实施该过程中向承包人支付工程价款的重要依据,所以投标人的投标报价是投标文件的核心。编制投标价格既要根据招标条件和技术质量标准、工程设计图纸、自行编制的施工组织设计和工程进度安排、投标人自身条件(如技术优势、人员经历和管理水平等)及相关因素,又要考虑市场趋向和物价水平,以及竞争对手状况。

投标报价和招标标底都是施工前计算的拟建工程价格,是工程造价的两种表现形式。两者包含的内容相同《建筑工程施工发包与承包计价管理办法》(中华人民共和国建设部第107号令)第5条中规定:"施工图预算、招标标底、投标报价由成本、利润和税金构成。"其根本差别除了编制人不同之外,还主要体现在:所反映的生产力水平不同,以及计价性质的不同。标底一般按照反映社会平均生产力水平的工程定额和费用标准编制,是反映社会平均成本和赢利水平的价格;而投标报价是依据企业自身的生产力水平和经营策略编制的,是反映企业个别成本和预期赢利的价格。编制标底就是测算招标工程预期价格,就是计算工程价格;而投标报价不仅包含工程价格的计算,而且要考虑如何在计价的基础上,提出一个能击败竞争对手,即能中标同时风险又小、获利又大的价格决策。

工程项目施工投标报价通常由工程成本(直接费与间接费)、预期利润、税金和风险费组成。

3.3.2　投标报价的依据

(1)《建设工程工程量清单计价规范》(GB 50500—2013)。

(2)国家或省级、行业建设主管部门颁发的计价办法。

(3)企业定额,国家或省级、行业建设主管部门颁发的计价定额。

(4)招标文件、工程量清单及其补充通知、答疑纪要。

(5)建设工程设计文件及相关资料。

(6)施工现场情况、工程特点及拟定的投标施工组织设计或施工方案。

(7)与建设项目相关的标准、规范等技术资料。

(8)市场价格信息或工程造价管理机构发布的工程造价信息。

(9)其他的相关资料。

3.3.3　投标报价的编制方法

投标报价的编制方法有以下两种:

(1)工料单价法。

工料单价方法是以各专业预算定额为计算基础的计价,即施工图预算计价模式,报价的编制过程如施工图预算的编制过程。

（2）综合单价法。

综合单价方法依据《建设工程工程量清单计价规范》（GB 50500—2013）规定的计价规则计价，即工程量清单计价模式。采用何种编制方法应根据项目的招标方式，如果招标人实行工程量清单招标，投标人则采用综合单价法投标报价，招标人在招标文件中提供工程量清单，使各投标人在投标报价中具有共同的竞争平台，投标人则应完全按照招标文件工程量清单中的项目编码、项目名称、项目特征、计量单位、工程数量等报价。

3.4 投标保证金

投标保证金，是指为了避免因投标人投标后随意撤回、撤销投标或随意变更应承担相应的义务给招标人和招标代理机构造成损失，要求投标人提交的担保。招标人不得挪用投标保证金。内容的关系框图如图 3.6 所示。

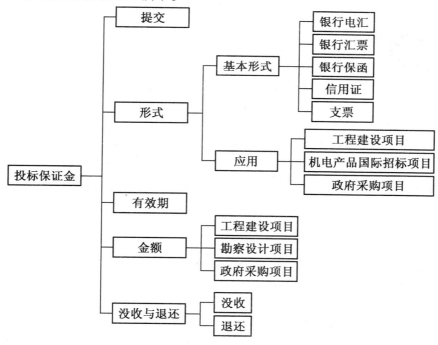

图 3.6 投标保证金关系框图

3.4.1 投标保证金的提交

投标人须知前附表规定递交投标保证金的，投标人在递交投标文件的同时，应按投标人须知前附表规定的金额、担保形式和"投标文件格式"规定的或者事先经过招标人认可的投标保证金格式递交投标保证金，并作为其投标文件的组成部分。投标人不按要求提交投标保证金的，评标委员会将否决其投标。

投标人在提交投标文件的同时，应按招标文件规定的金额、方式、时间向招标人提交投标保证金，并作为其投标文件的一部分。

投标保证金的提交,一般应注意下列几个问题:

(1)投标保证金是投标文件的必须要件,是招标文件的实质性要求,投标保证金不足、无效、迟交、有效期不足或者形式不符合招标文件要求等情形,均将构成实质性不响应而被拒绝或废标。

(2)对于工程货物招标项目,根据《工程建设项目货物招标投标办法》第27条的规定:"招标人可以在招标文件中要求投标人以自己的名义提交投标保证金。"

(3)对于联合体形式投标的,投标保证金可以由联合体各方共同提交或由联合体中的一方提交。以联合体中一方提交投标保证金的,对联合体各方均具有约束力。《标准设计施工总承包招标文件》规定,联合体投标的,其投标保证金由牵头人递交,并应符合投标人须知前附表的规定。

(4)投标保证金作为投标文件的有效组成部分,其递交的时间应与投标文件的提交时间要求一致,即在投标文件提交截止时间之前送达。投标保证金送达的含义根据投标保证金形式而异,通过电汇、转账、电子汇兑等形式的应以款项实际到账时间作为送达时间,以现金或见票即付的票据形式提交的则以实际交付时间作为送达时间。

3.4.2　投标保证金的形式

1.投标保证金的基本形式

投标保证金形式一般有:银行电汇、银行汇票、银行保函、信用证、支票、现金或招标文件中规定的其他形式。

(1)银行电汇。

招标文件中应规定投标人递交投标保证金的截止时间,投标人应在截止时间之前将投标保证金全额汇人招标人指定账户(招标文件应注明招标人的开户银行及账号),否则,视为投标保证金无效。投标人应在投标文件中附上电汇凭证复印件,作为评标时对投标保证金评审的依据。

(2)银行汇票。

银行汇票是汇款人将款项存入当地出票银行,由出票银行签发的票据,在银行见票时按照实际结算金额无条件支付给持票人或收款人。投标人应在投标文件中附上银行汇票复印件,作为评标时对投标保证金评审的依据。

(3)银行保函。

开具保函的银行性质及级别应满足招标文件的规定,并采用招标文件提供的格式。

投标人应根据招标文件要求单独提交银行保函正本,并在投标文件中附上复印件或将银行保函正本装订在投标文件正本中(应去掉)。一般,招标人会在招标文件中给出银行保函的格式和内容,且要求保函主要内容不能改变,否则将以不符合招标文件要求作废标处理。

(4)信用证。

用于投标保证金的信用证也称备用信用证,是由投标人向银行申请,由银行出具的不可撤销信用证。信用证的作用和银行保函类似。

(5)支票。

支票是指由出票人签发的,委托办理支票存款业务的银行或者其他金融机构在见票时无条件支付确定的金额给收款人或持票人的票据。投标保证金采用支票形式,投标人应确保招标人收到支票后在招标文件规定的截止时间之前,将投标保证金划拨到招标人指定账户,否则,视为投标保证金无效。投标人应在投标文件中附上支票复印件,作为评标时对投标保证金评审的依据。

《招标投标法实施条例》第 26 条规定,依法必须进行招标的项目的境内投标单位,以现金或者支票形式提交的投标保证金应当从其基本账户转出。

2. 投标保证金形式的应用

(1)工程建设项目。

《工程建设项目施工招标投标办法》第 37 条,《工程建设项目货物招标投标办法》第 27 条均规定,投标保证金除现金外,可以使银行出具的银行保函、支票、银行汇票,也可以是招标人认可的其他合法担保形式。

(2)机电产品国际招标项目。

《机电产品采购国际竞争性招标文件》规定,投标保证金可采用:银行保函或不可撤销信用证;银行本票、即期汇票、保兑支票或现金;招标文件规定的其他形式。

(3)政府采购项目。

《政府采购货物和服务招标投标管理办法》第 36 条规定,投标保证金可以采用现金支票、银行汇票、银行保函等形式交纳。

3.4.3 投标保证金的有效期

投标保证金的有效期通常自投标文件提交截止时间之前,保证金实际提交之日起开始计算,投标保证金的有效期限应覆盖或超出投标有效期。从投标保证金的用途可以看出,其有效期原则上不应少于规定的投标有效期。不同类型的招标项目,对投标保证金有效期的规定各有不同。在招投标实践中,应根据招标项目类型,按照其适用的法规来确定投标保证金的有效期。

《工程建设项目施工招标投标办法》第 37 条规定,投标保证金有效期应当超出投标有效期 30 天。《招标投标法实施条例》第 26 条和《工程建设项目货物招标投标办法》第 27 条规定,投标保证金有效期应当与投标有效期一致。

3.4.4 投标保证金的金额

投标保证金的金额通常有相对比例金额和固定金额两种方式。相对比例是取投标总价作为计算基数。为避免招标人设置过高的投标保证金额度,不同类型招标项目对投标保证金的最高额度均有相关规定。《招标投标法实施条例》第 26 条规定,招标人在招标文件中要求投标人提交投标保证金的,投标保证金不得超过招标项目估算价的 2%。

1. 工程建设项目

《工程建设项目施工招标投标办法》第 37 条和《工程建设项目货物招标投标办法》第 27 条规定,投标保证金一般不得超过投标总价的 2%,最高不得超过 80 万元人民币。

2. 勘察设计项目

《工程建设项目勘察设计招标投标办法》第 24 条规定,招标文件要求投标人提交投标保证金的,保证金数额一般不超过勘察设计费投标报价的 2%,最多不超过 10 万元人民币。

3. 政府采购项目

《政府采购货物和服务招标投标管理办法》第 36 条规定,招标采购单位规定的投标保证金数额,不得超过采购项目概算的 1%。

3.4.5　投标保证金的没收与退还

1.投标保证金的没收

招标人在投标人违反招标文件规定的下述条件时,可以没收投标人的投标保证金:

(1)投标人在规定的投标有效期内撤销或修改其投标文件。

(2)投标人在收到中标通知书后,无正当理由拒签合同或未按招标文件规定提交履约担保。

招标人还可根据项目的具体特点和管理方面要求,在招标文件中增加没收投标保证金的其他情形。

2.投标保证金的退还

不同类型工程招标、服务招标、货物招标对投标保证金的退还均有不同要求。《工程建设项目施工招标投标办法》和《工程建设项目货物招标投标办法》规定,招标人与中标人签订合同后5个工作日内,应当向未中标的投标人退还投标保证金;《工程建设项目勘察设计招标投标办法》规定,招标人与中标人签订合同后5个工作日内,应当向中标人和未中标人一次性退还投标保证金等;《政府采购货物和服务招标投标管理办法》规定,招标采购单位应当在中标通知书发出后5个工作日内退还未中标供应商的投标保证金,在采购合同签订后5个工作日内退还中标供应商的投标保证金。

《招标投标实施条例》第35条规定:"投标人撤回已提交的投标文件,应当在投标截止时间前书面通知招标人。招标人已收取投标保证金的,应当自收到投标人书面撤回通知之日起5日内退还。投标截止后投标人撤销投标文件的,招标人可以不退还投标保证金。"

《标准施工招标文件》和《标准设计施工总承包招标文件》规定,招标人与中标人签订合同后5日内,向未中标的投标人和中标人退还投标保证金及同期银行存款利息。

3.5　联合体投标

《招标投标法》第31条规定,联合体投标是指:"两个以上法人或者其他组织可以组成一个联合体,以一个投标人的身份共同投标。"联合体投标是招投标活动中一种特殊的投标人形式,常见于一些大型复杂的项目,这些项目单靠单一投标人的能力不可能独立完成或者能够独立完成的单一投标人数量极少,投标人通常组成联合体的形式参与投标,以增强投标竞争力。内容的关系框图如图3.7所示。

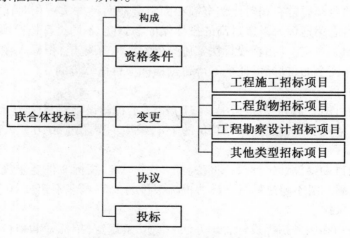

图3.7　联合体股标关系框图

3.5.1　联合体的构成

《招标投标法》第 31 条规定:"两个以上法人或者其他组织可以组成一个联合体,以一个投标人的身份共同投标。"

为了便于投标和合同执行,联合体所有成员共同指定联合体一方作为联合体的牵头人或代表,并授权牵头人代表所有联合体成员负责投标和合同实施阶段的主办、协调工作。这种方式常见于工程施工和设计招标项目中,根据《工程建设项目施工招标投标办法》和《工程建设项目勘察设计招标投标办法》的规定,联合体牵头人应向招标人提交由所有联合体成员法定代表人签署的授权书。关于联合体的构成,应注意下列几个问题:

(1)联合体对外以一个投标人的身份共同投标,联合体中标的,联合体各方应共同与发包人签订合同,联合体各方应为履行合同承担连带责任。

(2)组成联合体投标是联合体各方的自愿行为。

(3)联合体各方签订共同投标协议后,不得再以自己的名义单独投标,也不得组成新的联合体或参加其他联合体在同一项目中投标。

(4)联合体协议经发包人确认后作为合同附件。在履行合同过程中,未经发包人同意,不得修改联合体协议。

(5)联合体牵头人或联合体授权的代表负责与发包人和监理人联系,并接受指示,负责组织联合体各成员全面履行合同。

在政府采购项目中,根据《政府采购法》第24条的规定:"组成联合体的成员可以是自然人、法人或者其他组织。"《政府采购货物和服务招标投标管理办法》第34条规定:"对于政府采购的货物和服务招标项目,组成联合体的成员应是两个以上的供应商。"

3.5.2　联合体的资格条件

根据《招标投标法》第 31 条规定:"联合体各方均应当具备承担招标项目的相应能力;国家有关规定或者招标文件对投标人资格条件有规定的,联合体各方均应当具备规定的相应资格条件。由同一专业的单位组成的联合体,按照资质等级较低的单位确定资质等级。"联合体的资质等级采取就低不就高的原则,可以促使资质优等的投标人组成联合体以保证招标项目的质量,防止投标联合体以优等资质获取招标项目,而由资质等级差的供货商或承包商来实施项目的现象。

对于机电产品国际招标项目,《进一步规范机电产品国际招标投标活动有关规定》第 4 条规定:"招标文件如允许联合体投标,应当明确规定对联合体牵头方和组成方的资格条件及其他相应要求。"

对于政府采购的货物和服务招标项目,根据《政府采购货物和服务招标投标管理办法》第34条的规定,以联合体的形式参加投标的,联合体各方均应当符合政府采购法规定的投标人的资格条件。采购人根据采购项目的特殊要求规定投标人特定条件的,联合体各方中至少应当有一方符合采购人规定的特定条件。

3.5.3　联合体的变更

由于联合体属于临时性的松散组合,在投标过程中可能发生联合体成员变更的情形。通常情况下,联合体成员的变更必须在投标截止时间之前得到招标人的同意,如联合体成员的变更发生在通过资格预审之后,其变更后联合体的资质需要进行重新审查。

1. 工程施工招标项目

根据《工程建设项目施工招标投标办法》第 43 条规定:"联合体参加资格预审并获通过的,其组成的任何变化都必须在提交投标文件截止之日前征得招标人的同意。如果变化后的联合体削弱了竞争,含有事先未经过资格预审或者资格预审不合格的法人或者其他组织,或者使联合体的资质降到资格预审文件中规定的最低标准以下,招标人有权拒绝。"

2. 工程货物招标项目

根据《工程建设项目货物招标投标办法》第 39 条规定:"联合体各方应当在招标人进行资格预审时,向招标人提出组成联合体的申请。没有提出联合体申请的,资格预审完成后,不得组成联合体投标。招标人不得强制资格预审合格的投标人组成联合体。"

3. 工程勘察设计招标项目

根据《工程建设项目勘察设计招标投标办法》第 37 条规定:"联合体通过资格预审后在组成上发生变化,含有未经过资格预审或者资格预审不合格的法人或者其他组织,应作废标处理或被否决。"

4. 其他类型招标项目

招标人可在招标文件中做相应的规定。通常情况下,变更后的联合体资质发生降低或者影响到招标的竞争性,招标人有权拒绝。

3.5.4 联合体的协议

《招标投标法》第 31 条规定:"联合体各方应当签订共同投标协议,明确约定各方拟承担的工作和责任,并将共同投标协议连同投标文件一并提交招标人。"

为了规范投标联合体各方的权利和义务,联合体各方应当签订书面的共同投标协议,明确各方拟承担的工作。如果中标的联合体内部发生纠纷,可以依据共同签订的协议加以解决。

3.5.5 联合体的投标

联合体形式的投标人在参与投标活动时,与单一投标人有所不同,主要体现在下列几个方面:

(1)投标文件中必须附上联合体协议。联合体投标未在投标文件中附上联合体协议的,招标人可以不予受理。《工程建设项目施工招标投标办法》第 50 条、《工程建设项目货物招标投标办法》第 41 条、《工程建设项目勘察设计招标投标办法》第 36 条均规定,对未提交联合体协议的联合体投标文件按无效标处理。

(2)投标保证金的提交可以由联合体共同提交,也可以由联合体的牵头人提交。投标保证金对联合体所有成员均具有法律约束力。

(3)对联合体各方承担项目能力的评审以及资质的认定,要求联合体所有成员均应按照招标文件的相应要求提交各自的资格审查资料。《标准设计施工总承包招标文件》中规定联合体投标的应按规定的表格和资料填写联合体各方相关情况。

投标人须知前附表规定接受联合体投标的,投标人除应具备承担本招标项目资质条件、

能力、信誉和标人须知前附表的要求外,还应遵守以下规定:

（1）联合体各方应按招标文件提供的格式签订联合体协议书,明确联合体牵头人和各方权利义务。

（2）由同一专业的单位组成的联合体,按照资质等级较低的单位确定资质等级。

（3）联合体各方不得再以自己名义单独或参加其他联合体在本招标项目中投标。

4 建筑工程开标、评标和废标

4.1 建筑工程开标

4.1.1 开标概念

开标是指招标人按照招标文件中规定的投标人提交投标文件的截止时间、地点,当众对投标文件正式启封和宣读的活动。公开宣布全部投标人的名称、投标价格及投标文件中其他主要内容,使招标投标当事人了解各个投标的关键信息,并且将相关情况记录在案。这项活动属于招标投标程序中的一个法定环节,对于保证投标过程中贯彻执行"公开、公平、公正与诚实信用原则"意义非常重大。

4.1.2 开标的时间、地点

《招标投标法》第 34 条规定:"开标应当在招标文件确定的提交投标文件截止时间的同一时间公开进行;开标地点应当为招标文件中预先确定的地点。"

《招标投标实施条例》第 44 条规定,招标人应当按照招标文件规定的时间、地点开标。投标人少于 3 个的,不得开标;招标人应当重新招标。投标人对开标有异议的,应当在开标现场提出,招标人应当当场作出答复,并制作记录。

1. 开标时间

开标时间和提交投标文件截止时间应为同一时间,应具体确定到某年某月某日的几时几分,并在招标文件中明示。法律之所以如此规定,是为了杜绝招标人和个别投标人非法串通,在投标文件截止时间之后,视其他投标人的投标情况,修改个别投标人的投标文件,从而损害国家和其他投标人利益的情况。招标人和招标代理机构必须按照招标文件中的规定,按时开标,不得擅自提前或拖后开标,更不能不开标就进行评标。

2. 开标地点

开标地点应在招标文件中具体明示。开标地点可以是招标人的办公地点或指定的其他地点。开标地点应具体确定到要进行开标活动的房间,以便投标人和有关人员准时参加开标。

3. 开标时间和地点的修改

如果招标人需要修改开标时间和地点,应以书面形式通知所有招标文件的收受人。如果涉及房屋建筑和市政基础设施工程施工项目招标,根据《房屋建筑和市政基础设施工程施工招标投标管理办法》的规定,招标文件的澄清和修改均应在通知招标文件收受人的同时,报工程所在地的县级以上地方人民政府建设行政主管部门备案。如果涉及政府采购货物和服务的招标,根据《政府采购货物和服务招标投标管理办法》的规定,招标采购单位可以视采购具体情况,延长投标截止时间和开标时间,但至少应当在招标文件要求提交投标文件的截止时间 3 日前,将变更时间书面通知所有招标文件收受人,并在财政部门指定的政府采购信息发布媒体上发布变更公告。

4.1.3 开标的参与者

《招标投标法》第 35 条规定:"开标由招标人主持,邀请所有投标人参加。"对于开标参与人,应注意下列问题:

1. 开标由招标人主持

开标由招标人主持,也可以委托招标代理机构主持。在实际招标投标活动中,绝大多数委托招标项目,开标都是由招标代理机构主持的。

2. 投标人自主决定是否参加开标

《工程建设项目货物招标投标办法》第 40 条明确规定:"投标人或其授权代表有权出席开标会,也可以自主决定不参加开标会。"招标人邀请所有投标人参加开标是法定的义务,投标人自主决定是否参加开标会是法定的权利。

3. 其他依法可以参加开标的人员

根据项目的不同情况,招标人可以邀请除投标人以外的其他方面的相关人员参加开标。根据《招标投标法》第 36 条的规定,招标人可以委托公证机构对开标情况进行公证。《机电产品国际招标投标实施办法》第 32 条也规定,招标代理机构"开标时应当邀请招标人、投标人及有关人员参加。"《政府采购货物和服务招标投标管理办法》第 38 条规定:"招标采购单位在开标前,应当通知同级人民政府财政部门及有关部门。财政部门及有关部门可以视情况到现场监督开标活动。"第 39 条规定:"开标由招标采购单位主持,采购人、投标人和有关方面代表参加。"在实际的招标投标活动中,招标人经常邀请行政监督部门、纪检监察部门等参加开标,对开标程序进行监督。

4.1.4 开标的基本流程和主要内容

《招标投标法》第 36 条规定:"开标时,由投标人或者其推选的代表检查投标文件的密封情况,也可以由招标人委托的公证机构检查并公证;经确认无误后,由工作人员当众拆封,宣读投标人名称、投标价格和投标文件的其他主要内容。招标人在招标文件要求提交投标文件的截止时间前收到的所有投标文件,开标时都应当当众予以拆封、宣读。开标过程应当记录,并存档备查。"

1. 开标程序

主持人通常按下列程序进行开标:

(1)宣布开标纪律。

(2)公布在投标截止时间前递交投标文件的投标人名称,并点名确认投标人是否派人到场。

(3)宣布开标人、唱标人、记录人、监标人等有关人员姓名。

(4)按照投标人须知前附表规定检查投标文件的密封情况。

(5)按照投标人须知前附表的规定确定并宣布投标文件开标顺序。

(6)设有标底的,公布标底。

(7)按照宣布的开标顺序当众开标,公布投标人名称、投标保证金的递交情况、投标报价、质量目标、工期及其他内容,并记录在案。

(8)规定最高投标限价计算方法的,计算并公布最高投标限价。

(9)投标人代表、招标人代表、监标人、记录人等有关人员在开标记录上签字确认。

(10)开标结束。

投标人对开标有异议的,应当在开标现场提出,招标人当场作出答复,并制作记录。

2.开标的主要内容

(1)密封情况检查。

当众检查投标文件密封情况。检查由投标人或者其推选的代表进行。如果招标人委托了公证机构对开标情况进行公证,也可以由公证机构检查并公证。如果投标文件未密封,或者存在拆开过的痕迹,则不能进入后续的程序。

(2)拆封。

当众拆封所有的投标文件。招标人或者其委托的招标代理机构的工作人员,应当对所有在投标文件截止时间之前收到的合格的投标文件,在开标现场当众拆封。

(3)唱标。

招标人或者其委托的招标代理机构的工作人员应当根据法律规定和招标文件要求进行唱标,即宣读投标人名称、投标价格和投标文件的其他主要内容。机电产品国际招标项目,根据《机电产品国际招标投标实施办法》第 32 条规定:"投标人的投标方案、投标声明(价格变更或其他声明)都要在开标时一并唱出,否则在评标时不予承认。"没有开封并进行唱标的投标文件,不应进入评标。政府采购货物和服务招标项目,根据《政府采购货物和服务招标投标管理办法》第 40 条规定:"唱标时还应宣读价格折扣、招标文件允许提供的备选投标方案。未宣读的投标价格、价格折扣和招标文件允许提供的备选投标方案等实质内容,评标时不予承认。"第 41 条规定:"开标时,投标文件中开标一览表(报价表)内容与投标文件中明细表内容不一致的,以开标一览表(报价表)为准。"

(4)记录并存档。

招标人或者其委托的招标代理机构应当场制作开标记录记载开标时间、地点、参与人、唱标内容等情况,并由参加开标的投标人代表签字确认,开标记录应作为评标报告的组成部分存档备查。《机电产品国际招标投标实施办法》规定,招标人或招标机构应在开标时制作开标记录,并在开标后 2 日内通过《中国国际招标网》备案。

4.2　建筑工程评标

4.2.1　评标概念

评标是指按照招标文件确定的标准和方法,评价比较每个投标人的投标文件,以选出最优投标人的过程。在招标投标过程中,评标是确定中标人必经的关键性程序,直接关系到招标人能否确定最有利的投标,也直接关系到投标人是否受到公平、公正的对待。

评标工作通常由开标前确定的评标委员会负责,根据招标内容的繁简,可在开标后立即进行,也可在随后进行。评标工作的中心是对各投标文件的商务部分和技术部分进行综合评价,为选择确定最优中标人提供依据。公开原则是招标投标的原则之一,但评审投标文件、投标人择优排序、决定授标等评标阶段的工作,则不仅不公开,而且必须在保密状态中进行。在评标期间,评标委员会能够要求投标人回答或澄清其投标文件中某些含糊不清的问题,但无权要求或接受投标人更改投标文件中的实质性内容。

4.2.2　评标操作流程

评标工作应严格地按照其程序进行。具体包括以下内容:

(1)招标人宣布评标委员会成员名单并确定主任委员。

(2)招标人宣布有关评标纪律。

(3)在主任委员主持下,依据需要讨论通过成立相关专业组和工作组。

(4)听取招标人介绍招标文件。

(5)组织评标人员学习评标标准和方法。

(6)提出需要澄清的问题,并应以书面形式送至投标人。

(7)澄清或说明,对需要文字澄清或说明的问题,投标人应当以书面形式送达评标委员会。

(8)评审、确定中标候选人,评标委员会根据招标文件确定的评标标准和方法,对投标文件进行评审,确定中标候选人推荐顺序。

(9)提出评标工作报告,在评标委员会2/3以上委员同意并签字的基础上,通过评标委员会工作报告,并报招标人。

4.2.3　评标委员会

1.评标委员会组成

《招标投标法》第37条规定:"依法必须进行招标的项目,其评标委员会由招标人的代表和有关技术、经济等方面的专家组成,成员人数为5人以上单数,其中技术、经济等方面的专家不得少于成员总数的2/3。"

《招标投标实施条例》第48条中规定,评标过程中,评标委员会成员有回避事由、擅离职守或者因健康等原因不能继续评标的,应当及时更换。被更换的评标委员会成员作出的评审结论无效,由更换后的评标委员会成员重新进行评审。

评标委员会独立评标,是我国招标投标活动中重要的法律制度。评标委员会不是常设机构,需要在每个具体的招标投标项目中,临时依法组建。招标人是负责组建评标委员会的主体。实际招标投标活动中,也有招标人委托其招标代理机构承办组建评标委员会具体工作的情况。依法必须招标的项目,评标委员会由招标人的代表和有关技术、经济等方面的专家组成。

(1)招标人的代表。

《评标委员会和评标方法暂行规定》第9条规定:"评标委员会由招标人或其委托的招标代理机构熟悉相关业务的代表,以及有关技术、经济等方面的专家组成。"所以,招标人的代表一般来讲,可以是招标人本单位的代表,也可以包括委托招标的招标代理机构代表。但是,对于机电产品国际招标投标项目,《机电产品国际招标投标实施办法》第33条明确规定,招标代理机构的代表应进入评标委员会;相反的,对于政府采购的货物和服务招标项目,根据《政府采购货物和服务招标投标管理办法》第45条规定,采购代理机构工作人员不得参加由本机构代理的政府采购项目的评标。

（2）有关技术、经济等方面专家。

由于评标是一种复杂的专业活动，非专业人员无法对投标文件进行评审和比较，所以，依法必须招标的项目，评标委员会中还应有有关技术、经济等方面的专家，且比例不得少于成员总数的2/3。《房屋建筑和市政基础设施工程施工招标投标管理办法》第36条规定："评标委员会由招标人的代表和有关技术、经济等方面的专家组成，成员人数为5人以上单数，其中招标人、招标代理机构以外的技术、经济等方面专家不得少于成员总数的2/3。"《政府采购货物和服务招标投标管理办法》第45条明确规定："采购人不得以专家身份参与本部门或者本单位采购项目的评标。"

（3）评标委员会人数为5人以上单数。

关于招标投标的部门规章对评标委员会及相关方面的专家成员的人数规定，不尽相同。例如：

1）《机电产品国际招标投标实施办法》第33条规定："评标委员会由具有高级职称或同等专业水平的技术、经济等相关领域专家、招标人和招标机构代表等5人以上单数组成，其中技术、经济等方面专家人数不得少于成员总数的2/3。"根据该规定，评标委员会由专家成员和招标人、招标代理机构的代表组成，且技术、经济等方面专家人数不得少于成员总数的2/3，则在招标人和招标代理机构的代表最少各为1人时，专家成员为3人，即评标委员会人数至少5人。

2）《政府采购货物和服务招标投标管理办法》第45条规定："评标委员会由采购人代表和有关技术、经济等方面的专家组成，成员人数应当为5人以上单数。其中，技术、经济等方面的专家不得少于成员总数的2/3。采购数额在300万元以上、技术复杂的项目，评标委员会中技术、经济方面的专家人数应当为5人以上单数。"根据该规定，采购数额在300万元以上、技术复杂的项目，因评标委员会中技术、经济方面的专家人数应为5人以上单数，且不少于成员总数的2/3。那么，如果专家成员最少为5人时，评标委员会的人数至少为7人。而不属于上述情况的政府采购货物和服务招标项目，则评标委员会的人数最少可以是5人，其中专家成员4人，采购人代表1人。

2.评标专家

《招标投标法》第37条规定："评标专家应当从事相关领域工作满8年并具有高级职称或者具有同等专业水平，由招标人从国务院有关部门或者省、自治区、直辖市人民政府有关部门提供的专家名册或者招标代理机构的专家库内的相关专业的专家名单中确定。评标委员会成员的名单在中标结果确定前应当保密。"《招标投标法实施条例》第45条规定，国家实行统一的评标专家专业分类标准和管理办法。具体标准和办法由国务院发展改革部门会同国务院有关部门制定。省级人民政府和国务院有关部门应当组建综合评标专家库。

（1）为规范评标活动，保证评标活动的公平、公正，提高评标质量，评标专家一般应满足以下条件：

1）从事相关领域工作满8年并具有高级职称或者具有同等专业水平。从事相关领域工作满8年，是对专家实际工作经验和业务熟悉程度的要求，具有高级职称或者具有同等专业水平，是对专家的专业水准和职称的要求。两个条件的限制，为评标工作的顺利进行提供了素质保证。需要注意，政府采购和机电产品国际招标项目中，对评标专家的专业水平要求略有不同。

①《机电产品国际招标投标实施办法》第 12 条规定："具有大学本科或同等以上学力;具有高级技术、经济职称或同等专业水平,并从事相关领域工作满 8 年以上。从事高新技术领域工作的专家以上条件可适当放宽。"符合基本条件的专家,具备以下条件之一,可推荐入选国家级专家库:

a. 具有教授级职称的。

b. 近 5 年承担过国家大型项目招标评审工作的。

c. 享受国家津贴的。

d. 获得过国家级科学奖励的。

②《政府采购评审专家管理办法》第 8 条规定："从事相关领域工作满 8 年,具有本科(含本科)以上文化程度,高级专业技术职称或者具有同等专业水平,精通专业业务,熟悉产品情况,在其专业领域享有一定声誉。"对达不到上述所列条件和要求,但在相关工作领域有突出的专业特长并熟悉产品情况,且符合专家其他资格条件的,可以经财政部门审核后,认定为评审专家。

2)熟悉有关招标投标的法律法规。根据《评标委员会评标方法暂行规定》的规定,评标专家应熟悉有关招标投标的法律法规。《政府采购评审专家管理办法》还明确要求,评标专家应熟悉政府采购相关政策法规和业务理论知识,能胜任政府采购评审工作。

3)能够认真、公正、诚实、廉洁地履行职责。《评标委员会和评标方法暂行规定》、《评标专家和评标专家库管理暂行办法》均规定,评标专家应能够认真、公正、诚实、廉洁地履行职责。《机电产品国际招标投标实施办法》也要求评标专家要具有良好的政治素质和职业道德,遵纪守法。《政府采购评审专家管理办法》规定,评标专家应具有较高的业务素质和良好的职业道德,在政府采购的评审过程中能以客观公正、廉洁自律、遵纪守法为行为准则,而且,没有违纪违法等不良记录。

4)身体健康,能够承担评标工作。评标专家应具有能够胜任评标工作的健康条件。

(2)有下列情形之一的,不得担任评标委员会成员:

1)投标人或者投标人主要负责人的近亲属。

2)项目主管部门或者行政监督部门的人员。

3)与投标人有经济利益关系,可能影响对投标公正评审的。

4)曾因在招标、评标,以及其他与招标投标有关活动中从事违法行为而受过行政处罚或刑事处罚的。

5)评标委员会成员与投标人有利害关系的应主动回避。

3. 评标专家的选择

评标专家应由招标人在相关专家库名单中确定,原则上应在国务院有关部门或者省、自治区、直辖市人民政府有关部门提供的专家名册或者招标代理机构的专家库内的相关专业的专家名单中确定。任何单位和个人不得以明示、暗示等任何方式指定或者变相指定参加评标委员会的专家成员。评标委员会的专家名单在中标结果确定前应当保密。

依法必须进行招标的项目的招标人非因《招标投标法》和《招标投标法实施条例》规定的事由,不得更换依法确定的评标委员会成员。更换评标委员会的专家成员应当依照前款规定进行。

（1）选择评标专家的原则。

评标专家占评标委员会总人数的 2/3 以上，对评标委员会的整体水平有至关重要的影响。为防止招标人选取评标专家的主观随意性，保证评标的公正性和权威性，评标专家应由招标人在相关专家库名单中确定。

1）政府投资项目，根据《评标专家和评标专家库管理暂行办法》第 5 条规定："政府投资项目的评标专家，必须从政府有关部门组建的评标专家库中抽取。"

2）房屋建筑和市政基础设施工程施工招标项目，《房屋建筑和市政基础设施工程施工招标投标管理办法》第 36 条规定："评标委员会的专家成员，应当由招标人从建设行政主管部门及其他有关政府部门确定的专家名册或者工程招标代理机构的专家库内相关专业的专家名单中确定。"

3）机电产品国际招标项目，根据《机电产品国际招标投标实施办法》第 11 条规定："机电产品国际招标活动中所需专家必须由招标机构及业主在招标网上从国家、地方两级专家库中采用随机抽取的方式产生。"《进一步规范机电产品国际招标投标活动有关规定》第 18 条规定："凡参加重大装备自主化依托工程等国家重大项目评审工作的专家，需经国务院有关主管部门审核后入库。"

4）政府采购项目，根据《政府采购货物和服务招标投标管理办法》第 48 条规定："招标采购单位应当从同级或上一级财政部门设立的政府采购评审专家库中，通过随机方式抽取评标专家。"

（2）一般招标项目、评标专家的选择方式和程序。

一般招标项目，应采取随机抽取方式选择评标专家。不同类别的招标项目，相关部门规章对随机抽取方式和程序作出了具体规定：

1）机电产品国际招标项目，根据《机电产品国际招标投标实施办法》的规定，随机抽取的原则和程序如下：

①机电产品国际招标活动中所需专家必须由招标机构及业主在"中国国际招标网"上从国家、地方两级专家库中采用随机抽取的方式产生。

②招标机构及业主不得无故废弃随机抽取的专家，抽取到的专家因客观原因不能参加招标项目评审工作的，应当以书面形式回复招标机构。

③招标机构收到回复后应当在网上注明原因并重新随机抽取专家。

④抽取专家次数超过 3 次的，应当报相应主管部门备案后，重新随机抽取专家。

⑤随机抽取专家人数为实际所需专家人数。

⑥一次委托招标金额在 500 万美元及以上的国际招标项目，所需专家的 1/2 以上应从国家级专家库中抽取。对于同一招标项目编号下同一包，每位专家只能参加其招标文件审核和评标两项工作中的一项。

⑦在抽取专家时，如专家库中的专家数量不足以满足所需专家人数，不足部分可由招标机构和招标人自行推荐，但应当按照有关规定将符合条件的专家推荐表提交"中国国际招标网"补充进入国家或地方专家库，再随机抽取所需要的专家人数。

⑧专家名单一经抽取确定，必须严格保密。如有泄密，除追究当事人责任外，还应当报相应的主管部门并重新在专家库中抽取专家。

⑨此外，《进一步规范机电产品国际招标投标活动有关规定》第 21 条规定："抽取评标所

需的评审专家的时间不得早于开标时间48小时,如抽取外省专家的,不得早于开标时间72小时,遇节假日向前顺延;同一项目评标中,来自同一法人单位的评审专家不得超过评标委员会总数的1/3。"

2)重大装备自主化依托工程设备招标项目,根据《重大装备自主化依托工程设备招标采购活动的有关规定》第9条规定:"招标采购活动中所需要的有关评审专家原则上应由招标机构和业主单位从"中国国际招标网"的国家级专家库中随机抽取产生;考虑到重大装备自主化依托工程需要,必要时可由有关主管部门推荐。"

3)政府采购项目,根据《政府采购评审专家管理办法》的规定,随机抽取的原则和程序如下:

①原则上由采购人或采购代理机构的经办人在财政部门监督下随机抽取;特殊情况下,经采购人或采购代理机构同意,也可以由财政部门专家库维护管理人员从专家库中随机抽取后,推荐给采购人或采购代理机构。

②任何单位和个人都不得指定评审专家或干预评审专家的抽取工作。

③每次抽取所需评审专家时,应当根据情况多抽取两名以上候补评选专家,并按先后顺序排列递补。

④评审专家抽取结果及通知情况应当场记录备案,以备后查。

⑤评审专家的抽取时间原则上应当在开标前半天或前一天进行,特殊情况不得超过两天。

⑥此外,《政府采购货物和服务招标投标管理办法》第48条规定:"招标采购单位应当从同级或上一级财政部门设立的政府采购评审专家库中,通过随机方式抽取评标专家。"

(3)特殊招标项目评标专家选择的方式和程序。

特殊招标项目,可以由招标人依法直接确定评标专家。对于哪些项目属于特殊招标项以及招标人如何自接确定评标专家,不同类别的项目有不完全一致的具体规定:

1)依法必须招标的项目,根据《评标委员会和评标方法暂行规定》第10条规定:"技术特别复杂、专业性要求特别高或者国家有特殊要求的招标项目,采取随机抽取方式确定的专家难以胜任的,可以由招标人在相关专家名单中直接确定。"

2)政府采购项目,根据《政府采购评审专家管理办法》第21条规定:"遇有行业和产品特殊,政府采购专家库不能满足需求时,可以由采购人、采购代理机构按有关规定确定评审专家人选,但应当报财政部门备案。"《政府采购货物和服务招标投标管理办法》第48条规定:"招标采购机构对技术复杂、专业性极强的采购项目,通过随机方式难以确定合适评标专家的,经设区的市、自治州以上人民政府财政部门同意,可以采取选择性方式确定评标专家。"

(4)评标委员会的专家名单在中标结果确定前应当保密。

凡是进入评标委员会的专家,不论是专家成员,还是招标人、招标代理机构的代表,其名单在中标结果确定前均应保密。

1)《机电产品国际招标投标实施办法》规定,评标委员会成员名单在评标结果公示前必须保密。招标人和招标机构应当采取措施保证评标工作在严格保密的情况下进行。在评标工作中,任何单位和个人不得干预、影响评标过程和结果。

2)《政府采购货物和服务招标投标管理办法》规定,招标采购单位应当采取必要措施,保证评标在严格保密的情况下进行。任何单位和个人不得非法干预、影响评标办法的确定,以及评标过程和结果。

4.委员会成员的权利和义务

《招标投标法》第40条规定:"评标委员会应当按照招标文件确定的评标标准和方法,对投标文件进行评审和比较;设有标底的,应当参考标底。评标委员会完成评标后,应当向招标人提出书面评标报告,并推荐合格的中标候选人。招标人根据评标委员会提出的书面评标报告和推荐的中标候选人确定中标人。招标人也可以授权评标委员会直接确定中标人。国务院对特定招标项目的评标有特别规定的,从其规定。"

评标委员会是一个由评标委员会成员组成的临时权威机构。评标委员会的法定权利和义务,并不能等同于其成员个人的权利义务,但是需要其每个成员在评标活动中通过其个人行为实现。所以评标委员会成员的权利和义务,直接与评标委员会的法定权利和义务紧密相关,包括一系列明示及默示的内容。《评标专家和评标专家库管理暂行办法》、《评标委员会和评标方法暂行规定》、《机电产品国际招标投标实施办法》、《政府采购货物和服务招标投标管理办法》、《政府采购评审专家管理办法》均对评标委员会成员,特别是评标专家的权利和义务作出了具体规定,可以概括为以下几个方面:

(1)依法对投标文件进行评审和比较,出具个人评审意见。

评标委员会成员最基本的权利,同时也是其主要义务,即依法按照招标文件确定的评标标准和方法,运用个人相关的能力、知识和信息,对投标文件进行全面评审和比较,在评标工作中发表并出具个人评审意见,行使评审表决权。评标委员会成员应对其参加评标的工作及出具的评审意见,依法承担个人责任。《评标委员会和评标方法暂行规定》规定,评标委员会应当根据招标文件规定的评标标准和方法,对投标文件进行系统的评审和比较;招标文件中没有规定的标准和方法不得作为评标的依据。评标专家依法对投标文件进行独立评审,提出评审意见,不受任何单位或个人的干预。评标委员会负责人由评标委员会成员推举产生或者由招标人确定。评标委员会负责人与评标委员会的其他成员有同等的表决权。《机电产品国际招标投标实施办法》规定,评标专家应承担评标委员会的评标工作,评标专家应当分别填写评标意见并对所提意见承担责任。《政府采购货物和服务招标投标管理办法》规定,评标委员会成员应按照招标文件规定的评标方法和评标标准进行评标,对评审意见承担个人责任。《政府采购评审专家管理办法》规定,评标专家享有对政府采购制度及相关情况的知情权,对供应商所供货物、工程和服务质量的评审权,推荐中标候选供应商的表决权等权利;承担为政府采购工作提供真实、可靠的评审意见等义务。

(2)签署评标报告。

评标委员会直接的工作成果体现为评标报告。评标报告汇集、总结了评标委员会全部成员的评审意见,由每个成员签字认定后,以评标委员会的名义出具。虽然有关规章中没有详细明示,但是,签署评标报告,也是每个成员的基本义务。

(3)需要时配合质疑和投诉处理工作。

通常完成并向招标人提交了评标报告之后,评标委员会即告解散。但是,在招标投标活动中,有的招标项目还会发生质疑和投诉的情况。对于评标工作和评标结果发生的质疑和投诉,招标人、招标代理机构及有关主管部门依法处理质疑和投诉时,往往会需要评标委员会成员作出解释,包括评标委员会对某些问题所作结论的理由和依据等。《机电产品国际招标投标实施办法》规定,评标专家应参加对质疑问题的审议工作。《政府采购货物和服务招标投标管理办法》规定,评标委员会成员应配合财政部门的投诉处理工作,配合招标采购单位答复投标供应商提出的质疑。

(4)客观、公正、诚实、廉洁地履行职责。

评标委员会成员在投标文件评审直至提出评标报告的全过程中,均应恪守职责,认真、公正、诚实、廉洁地履行职责,这是每个成员最根本的义务。评标委员会成员不得与任何投标人或者与招标结果有利害关系的人进行私下接触,不得收受投标人、中介人、其他利害关系人的财物或者其他好处,不得彼此之间进行私下串通,不得向招标人征询确定中标人的意向,不得接受任何单位或者个人明示或者暗示提出的倾向或者排斥特定投标人的要求,不得有其他不客观、不公正履行职务的行为。《招标投标法》和相关部门规章均规定了该类义务。如果违反该类义务,将直接导致评标委员会成员承担相应的法律责任。

此外,评标委员会成员如果发现存在依法不应参加评标工作的情况,还应立即披露并提出回避。

(5)遵守保密、勤勉等评标纪律。

对评标工作的全部内容保守秘密,也是评标委员会成员的主要义务之一。评标委员会成员和参与评标的有关工作人员不得私自透露对投标文件的评审和比较、中标候选人的推荐情况,以及与评标有关的其他情况。此外,每个成员还应遵守包括勤勉等评标工作纪律。应认真阅读研究招标文件、评标标准和方法,全面地评审和比较全部投标文件。同时,应遵守评标工作时间和进度安排。

(6)接受参加评标工作的劳务报酬。

评标工作实际上也是一种劳务活动。所以,个人参加评标承担相应的工作和责任,有权依法接受劳务报酬。《评标专家和评标专家库管理暂行办法》和《政府采购评审专家管理办法》均明确了评标专家领取评标劳务报酬的权利。

(7)其他相关权利和义务。

评标委员会成员还享有并承担其他与评标工作相关的权利和义务。包括协助、配合有关行政监督部门的监督和检查工作,对发现的违规违法情况加以制止,向有关方面反映、报告评标过程中的问题等。

5. 不得担任评标委员会成员的情况

《招标投标法》第37条规定:"与投标人有利害关系的人不得进入相关项目的评标委员会;已经进入的应当更换。"对不同类别的项目,相关部门规章对不得担任评标委员会成员的情况作了更具体的规定。

(1)依法必须招标项目。

根据《评标委员会和评标方法暂行规定》的规定,有下列情形之一的,不得担任评标委员会成员:

1)投标人或者投标主要负责人的近亲属。

2)项目主管部门或者行政监督部门的人员。

3)与投标人有经济利益关系,可能影响对投标公正评审的。

4)曾因在招标、评标以及其他与招标投标有关活动中从事违法行为而受过行政处罚或刑事处罚的。

评标委员会成员有前款规定情形之一的,应当主动提出回避。

（2）机电产品国际招标项目。

根据《机电产品国际招标投标实施办法》、《进一步规范机电产品国际招标投标活动有关规定》的规定，不得担任评标委员会成员的情况有：

1）已经参加了招标文件审核的专家，不得参加同一招标项目编号下同一包的评标工作。

2）凡与招标项目或投标人及其制造商有利害关系的外聘专家，不得担任评标委员会成员。随机抽取的评审专家不得参加与自己有利害关系的项目评标。如与招标人、投标人、制造商或评审项目有利害关系的，专家应当主动申请回避。利害关系包括但不限于以下情况：

①评审专家在某投标人单位或制造商单位任职、兼职或者持有股份的。

②评审专家任职单位与招标人单位为同一法人代表的。

③评审专家的近亲属在某投标人单位或制造商单位担任领导职务的。

④有其他经济利害关系的。

⑤同一评标项目，来自同一法人单位的评审专家不得超过评标委员会总数的1/3。

（3）政府采购项目。

根据《政府采购评审专家管理办法》、《政府采购货物和服务招标投标管理办法》的规定，不得担任评标委员会成员的情况有：

1）招标采购单位就招标文件征询过意见的专家，不得再作为评标专家参加评标。

2）采购人不得以专家身份参与本部门或者本单位采购项目的评标。

3）采购代理机构工作人员不得参加由本机构代理的政府采购项目的评标。

4）评审专家原则上在一年之内不得连续3次参加政府采购评审工作。

5）评审专家不得参加与自己有利害关系的政府采购项目的评审活动。对与自己有利害关系的评审项目，如受到邀请，应主动提出回避。财政部门、采购人或采购代理机构也可要求该评审专家回避。有利害关系主要是指3年内曾在参加该采购项目供应商中任职（包括一般工作）或担任顾问，配偶或直系亲属在参加该采购项目的供应商中任职或担任顾问，与参加该采购项目供应商发生过法律纠纷，以及其他可能影响公正评标的情况。

4.2.4　评标工作内容

评标委员会评议的内容一般分为两段三审。两段指初审和终审。初审即对投标文件进行符合性评审、技术评审和商务评审，筛选出具备授标资格的若干投标文件。终审是对初审择选出的若干具备授标资格的投标文件进行综合评价及分析比较，最终确定出中标候选人。所谓的三审是指对投标文件进行的符合性评审、技术评审和商务评审，一般发生在初审阶段。

1. 投标文件的符合性评审

符合性评审是指检查投标文件是否实质上响应招标文件的要求。实质上响应的含义是投标文件与招标文件的所有条件、规定相符，无明显差异或保留。显著的差异或保留是对工程的范围、质量及使用性能造成实质性影响；偏离了招标文件的要求，对合同中规定的业主的权利或者投标人的义务引发实质性的变动。

符合性评审一般包括以下内容：

（1）投标文件的有效性。

1）未经资格预审的项目，在评标前应进行资格审查。若已经进行资格预审，则要审查投标人与资格预审名单是否一致；递交的投标保函或投标保证金是否符合招标文件的规定。若以标底衡量有效性,审查投标报价是否在规定的范围内。

2)投标文件是否包括了投标人的法人资格证书及投标负责人的投标授权委托书。如果是联合体,审查是否提交了合格的联合体协议书,以及投标负责人的授权委托书。

(2)投标文件的完整性。

招标文件规定的应该递交的全部文件是否包括在投标文件内。若缺少其中某一项内容,则无法进行客观、公正的评价,只能按照废标处理。若招标文件要求投标人提交施工进度计划外,还要编制分月的劳动力安排计划和施工机具配置,如果缺少任意一项则在后续阶段的评审中无法对其进行合理的比较。

(3)投标文件与招标文件的一致性。

一致性指投标文件在实质上应响应招标文件的要求,也就是无实质性背离。所谓实质上响应招标文件的要求,是指其投标文件应当与招标文件的所有条款、条件和规定相符,无显著差异或保留。

投标文件对招标文件实质性要求和条件响应的偏差,分为重大偏差与细微偏差两类。重大偏差主要表现在:

1)没有依据招标文件要求提供投标担保或者招标文件中的规定与所提供的投标担保存差异。

2)没有依照招标文件要求由投标人授权代表签字并加盖公章。

3)投标文件记载的招标项目完成时限超过招标文件所规定的完成期限。

4)明显不满足技术规格、技术标准的要求。

5)投标文件记载的货物包装方式、检验标准和方法等不满足招标文件的要求。

6)投标附有与招标人提出的条件有本质区别,招标人不能接受的条件。

7)不符合招标文件中规定的其他实质性要求。应该注意,所有存在重大偏差的投标文件都是初评阶段应该淘汰的投标文件。

细微偏差指投标文件基本上符合招标文件要求,但在个别地方存在漏项或者提供的技术信息和数据不完整等情况,并且补正这些遗漏或者不完整不会对其他投标人造成不公平的结果。对招标文件的响应存在细微偏差的投标文件仍然属于有效投标文件。细微偏差的处理方式包括下列内容:

1)书面要求存在细微偏差的投标人在评标结束前给予澄清说明。应以书面方式进行并不得超过投标文件的范围或者改变投标文件的实质性内容。

2)报价错误的修正。商务标中出现算术性错误时,经评标委员会对投标书中的错误加以修正后请该投标文件的投标人予以签字确认。若投标人拒绝签字,则当做投标人违约对待,不仅投标无效,而且其投标保证金被没收。修正错误的原则是:投标文件中的大写金额和小写金额不一致的,以大写金额为准;总价金额与单价金额不一致的,以单价金额为准,当单价金额小数点有明显错误时除外;正本与副本不一致时,以正本为准。

2. 投标文件的技术评审

技术评审的目的是比较和确认投标人完成招标项目的技术能力,以及其施工方案的可靠性。技术评审的主要内容包括:

(1)技术方案的可行性。

对各类分部分项工程的施工方法、施工人员和施工机械设备的配备、施工现场的布置和临时设施的安排、施工顺序及其相互衔接等方面的评审,尤其是对该项目的关键工序的施工方法的可行性进行论证。

(2)施工进度计划的可靠性。

审查施工进度计划是否满足要求竣工时间,是否科学合理、切实可行,还要审查保证施工进度计划的措施,如施工机具、劳务安排的合理性等。

(3)施工质量的保证。

审查投标文件中提出的质量控制和管理措施,包括质量管理人员的配备、质量检测仪器的配置和质量的管理制度。

(4)工程材料和机器设备供应的技术性能。

审查主要材料和设备的样本、型号、规格和制造厂家名称、地址等,判断其技术性能是否满足设计标准。

(5)分包商的技术能力和施工经验。

若投标人拟在中标后将中标项目的部分工作分包给他人完成,应当在投标文件中作出说明;应审查拟分包的工作是否非主体、非关键性的工作;审查分包人是否具备应当具备的资格条件和完成相应工作的能力及经验。

(6)建议方案的可行性。

若是招标文件中规定可以提交建议方案,应评估投标文件中的建议方案的技术可靠性与优缺点,并与原招标方案进行比较分析。

3. 投标文件的商务评审

商务评审是为了从成本、财务和经济分析等方面评审投标报价的准确性、合理性及可靠性等,同时估算出授标给各投标人后的不同经济效果。商务评审在通常整个评标工作中占有的地位非常重要。商务评审的主要内容如下:

(1)报价构成分析。

用标底价与标书中各单项合计价、各分项工作内容的单价及总价进行比照分析,找出差异比较大的地方的产生原因,从而评定报价的合理性。

(2)分析不平衡报价的变化幅度。

虽然允许投标人为了解决前期施工中资金流通的困难而采用的不平衡报价法投标,但不允许有严重的不平衡报价,否则会过高地提高前期工程的付款要求。

(3)资金流量的比价和分析。

审查其所列数据的依据,进一步审核投标人的财务实力和资信可靠程度;审查支付计划中预付款和滞留金的安排是否与招标文件一致;分析投标人资金流量和其施工进度之间的相互关系;分析投标人资金流量是否合理。

(4)分析投标人提出的财务或付款方面的建议和优惠条件,并估算接受其建议的利弊,特别是接受财务方面的建议后可能出现的风险。

4. 投标文件的综合评价与比较分析

对初步评审合格的投标文件,评标委员会应当按照招标文件确定的评标原则、标准和方法进行综合评价和比较分析,从而评定出优劣顺序,选定中标候选人。通常采用的方法有评标价法和综合评分法。

评标委员会完成评标后,应当向招标人提出书面评标报告,并推荐合格的依据名次排序的中标候选人 1~3 人,也可以依据招标人的委托,直接确定中标人。

4.2.5　评标原则和方法

1. 评标原则

评标原则是招标投标活动中相关各方应遵守的基本规则。每个具体的招标项目,均涉及招标人、投标人、评标委员会、相关主管部门等不同主体,委托招标项目还涉及招标代理机构。评标原则主要是关于评标委员会的工作规则,但其他相关主体对涉及的原则也应严格遵守。根据有关法律规定,评标原则可以概括为四个方面:

(1)公平、公正、科学、择优。

《招标投标法》第 5 条规定:"招标投标活动应当遵循公开、公平、公正和诚实信用的原则。"《评标委员会和评标方法暂行规定》第 3 条规定:"评标活动遵循公平、公正、科学、择优的原则。"第 17 条规定:"招标文件中规定的评标标准和评标方法应当合理,不得含有倾向或者排斥潜在投标人的内容,不得妨碍或者限制投标人之间的竞争。"为了体现"公平"和"公正"的原则,招标人和招标代理机构应在制作招标文件时,依法选择科学的评标方法和标准;招标人应依法组建合格的评标委员会;评标委员会应依法评审所有投标文件,择优推荐为中标候选人。

(2)严格保密。

《招标投标法》第 38 条规定:"招标人应当采取必要的措施,保证评标在严格保密的情况下进行。"严格保密的措施涉及多方面,包括:评标地点保密;评标委员会成员的名单在中标结果确定之前保密;评标委员会成员在封闭状态下开展评标工作,评标期间不得与外界有任何接触,对评标情况承担保密义务;招标人、招标代理机构或相关主管部门等参与评标现场工作的人员,均应承担保密义务。

(3)独立评审。

《招标投标法》第 38 条规定:"任何单位和个人不得非法干预、影响评标的过程和结果。"评标是评标委员会受招标人委托,由评标委员会成员依法运用其知识和技能,根据法律规定和招标文件的要求,独立对所有投标文件进行评审和比较,以评标委员会的名义出具评标报告,推荐中标候选人的活动。评标委员会虽然由招标人组建并受其委托评标,但是,一经组建并开始评标工作,评标委员会即应依法独立开展评审工作。不论是招标人,还是有关主管部门,均不得非法干预、影响或改变评标过程和结果。

(4)严格遵守评标方法。

《招标投标法》第 40 条规定:"评标委员会应当按照招标文件确定的评标标准和方法对投标文件进行评审和比较;设有标底的,应当参考标底。"《评标委员会和评标方法暂行规定》第 17 条规定:"评标委员会应当根据招标文件规定的评标标准和方法,对投标文件进行系统的评审和比较。招标文件中没有规定的标准和方法不得作为评标的依据。"评标工作虽然在严格保密的情况下,由评标委员会独立评审,但是,评标委员会应严格遵守招标文件中确定的评标标准和方法。

2. 评标方法

原国家计委等七部委《评标委员会评标方法暂行规定》(12 号令)第 29 条明确了三类评标方法:包括"经评审的最低投标价法、综合评估法或者法律、行政法规允许的其他评标方法。"为了加强对本行业招投标的监督管理,根据国务院的分工,工业、水利、交通、铁道、民航、信息产业及建设部、原外经贸等部委,以及各省人大在该办法规定的基础上,根据行业特点又颁布的一些具体规定,见表4.1。

表4.1可归纳为两类:即以货币为单位对投标文件评审"价格",或以分值为单位对投标文件评审"分值"。以分值为单位的评标办法可以是百分制,也可以是更模糊的相对打分排队法等评价。

表4.1　国家各部门有关法规(细则)规定的评标办法

序号	部门	国家各部门有关法规(细则)规定的评标办法
1	原国家计委等七部委12号令	综合评估法、经评审的最低投标价法、法律法规允许的其他评标方法
2	建设部	
3	商务部	最低评标价法、综合评标法(打分法)
4	交通部	综合评标价法、合理低价法、最低评标价法、综合评估法和双信封评标法,以及法律、法规允许的其他评标方法。固定标价评分法、技术评分合理标价法、计分法和综合评议法
5	水利部	综合评分法、综合最低评标价法、合理最低投标价法、综合评议法及两阶段评标法
6	信息产业部	最低投标价中标法、综合评分法
7	铁道部	最低评标价法、综合评分法、合理最低投标价法
8	财政部	综合评分法、性价比法、最低评标价法

(1)工程建设项目评标方法。

根据《评标委员会和评标方法暂行规定》、《工程建设项目施工招标投标办法》、《工程建设项目货物招标投标办法》等规定,评标方法分为经评审的最低投标价法、综合评估法及法律法规允许的其他评标方法。

1)经评审的最低投标价法。根据经评审的最低投标价法,能够满足招标文件的实质性要求,并且经评审的最低投标价的投标,应当推荐为中标候选人。

经评审的最低投标价法一般适用于具有通用技术、性能标准或者招标人对其技术、性能没有特殊要求的招标项目。对于工程建设项目货物招标项目,根据《工程建设项目货物招标投标办法》规定,技术简单或技术规格、性能、制作工艺要求统一的货物,一般采用经评审的最低投标价法进行评标。技术复杂或技术规格、性能、制作工艺要求难以统一的货物,一般采用综合评估法进行评标。

经评审的最低投标价法是一种以价格加其他因素评标的方法。以这种方法评标,一般做法是将报价以外的商务部分数量化,并以货币折算成价格,与报价一起计算,形成统一平台的投标价,然后以此价格按高低排出次序。能够满足招标文件的实质性要求,在经评审的"投标价"中,最低的投标应当作为中选投标。

采用经评审的最低投标价法,中标人的投标应当符合招标文件规定的技术要求和标准,但评标委员会无须对投标文件的技术部分进行价格折算。

除报价外,评标时应考虑的商务因素一般有下列几种:

①内陆运输费用及保险费。

②交货或竣工期。

③支付条件。

④零部件以及售后服务。

⑤价格调整因素。

⑥设备和工厂(生产线)运转和维护费用。

表 4.2 归纳了报价以外的其他主要折算因素的内容。

表 4.2　主要非价格因素表

主要因素	折算报价内容
运输费用	货物如果有一个以上的进入港,或者有国内投标人参加投标时,应在每一个标价上加上将货物抵达港或生产地运到现场的运费和保险费 其他由招标单位可能支付的额外费用,如运输超大件设备需要对道路加宽、桥梁加固所需支出的费用等
价格调整	如果按可以调整的价格招标,则投标的评审和比较必须考虑价格调整因素。按招标文件规定价格调整方式,调整各投标人的报价
交货或竣工期限	对交货或完工期在所允许的幅度范围内的各投标文件,按一定标准(如投标价的某一百分比),将不同交货或完工期的差别,以及对招标人利益的不同影响,作为评价因素之一,计入评标价中
付款条件	如果投标人所提的支付条件与招标文件规定的支付条件偏离不大,则可以根据偏离条件使招标人增加的费用(利息等),按一定贴现率算出其净现值,加在报价上
零部件以及售后服务	如果要求投标人在投标价之外单报这些费用,则应将其加到报价上。如果招标文件中没有作出"包括"或"不包括"规定,评标时应计算可能的总价格将其加到投标价上去
优惠条件	可能给招标人带来的好处,以开标日为准,按一定的换算办法贴现折算后,作为评审价格因素
其他可能折算为价格的要求	按对招标人有利或不利的原则,增加或减少到投标价中。如:对实施过程中必然发生,而投标文件又属于明显漏项的部分,应给予相应的补项,增加到报价上去

2)综合评估法。根据综合评估法,最大限度地满足招标文件中规定的各项综合评价标准的投标,应当推荐为中标候选人。

工程建设项目勘察设计招标项目,根据《工程建设项目勘察设计招标投标办法》规定,一般应采取综合评估法进行。

衡量投标文件是否最大限度地满足招标文件中规定的各项评价标准,可以采取折算为货币的方法、打分的方法或者其他方法。需量化的因素及其权重应当在招标文件中明确规定。评标委员会对各个评审因素进行量化分析时,应当将量化指标建立在同一基础或者同一标准上,使各投标文件具有可比性。对技术部分和商务部分量化后,计算出每一投标的综合评估价或者综合评估分。

需要注意,《房屋建筑和市政基础设施工程施工招标投标管理办法》规定,采用综合评估法的,应当对投标文件提出的工程质量、施工工期、投标价格、施工组织设计或者施工方案、投标人及项目经理业绩等,能否最大限度地满足招标文件中规定的各项要求和评价标准进行评审和比较。以评分方式进行评估的,对于各种评比奖项不得额外计分。

(2)机电产品国际招标项目评标方法。

根据《机电产品国际招标投标实施办法》、《机电产品国际招标综合评价法实施规范(试行)》及《重大装备自主化依托工程设备招标采购活动的有关规定》的规定,评标方法分为最低评标价法和综合评价法。

1)最低评标价法。采用该方法评标的,在商务、技术条款均满足招标文件要求时,评标价格最低者为推荐中标人。

机电产品国际招标一般采用最低评标价法进行评标。价格评标按下列原则进行:

①按招标文件中的评标依据进行评标。计算评标价格时,对需要进行价格调整的部分,要依据招标文件和投标文件的内容加以调整并说明。

②投标人应当根据招标文件要求和产品技术要求列出供货产品清单和分项报价,如有缺漏项,评标时须将其他有效标中该项的最高价计入其评标总价。

③除国外贷款项目外,计算评标总价时,以货物到达招标人指定交货地点为依据。国外产品为 CIF 价+进口环节税+国内运输、保险费等;国内产品为出厂价(含增值税)+国内运输、保险费等。

④如招标文件允许以多种货币投标,评标委员会应当以开标当日中国人民银行公布的投标货币对评标货币的卖出价的中间价进行转换以计算评标价格。

2)综合评价法(即打分法)。采用综合评价法评标的,综合得分最高者为推荐中标人。综合评价法适用于技术含量高、工艺或技术方案复杂的大型或成套设备招标项目。重大装备自主化依托工程设备招标项目,一般采用综合评价法进行评标。

①需要使用综合评价法进行评标的招标项目,其招标文件必须详细规定各项商务要求和技术参数的评分方法和标准,并通过招标网向商务部备案。所有评分方法和标准应当作为招标文件必要组成部分并对投标人公开。

②综合评价法的方案应当由评价内容、评价标准、评价程序及定标原则等组成,并作为招标文件必要组成部分对所有投标人公开。

③综合评价法的评价内容应当包括投标文件的商务、技术、价格、服务及其他方面。商务、技术、服务及其他评价内容可以包括但不限于以下方面:

a.商务评价内容可以包括:资质、业绩、财务、交货期、付款条件及方式、质保期、其他商务合同条款等。

b.技术评价内容可以包括:方案设计、工艺配置、功能要求、性能指标、项目管理、专业能力、项目实施计划、质量保证体系及交货、安装、调试和验收方案等。

c.服务及其他评价内容可以包括:服务流程、故障维修、零配件供应、技术支持、培训方案等。

④综合评价法应当对每一项评价内容赋予相应的权重,其中价格权重不得低于30%,技术权重不得高于60%。其中,价格评价应当符合低价优先、经济节约的原则,并明确规定评标价格最低的有效投标人将获得价格评价的最高分值,价格评价的最大可能分值和最小可能分值应当分别为价格满分和零分。

对于已进行资格预审的招标项目,综合评价法不得再将资格预审的相关标准和要求作为评价内容;对于未进行资格预审的招标项目,综合评价法应当明确规定资质、业绩和财务的相关指标获得最高评价分值的具体标准。

⑤综合评价法应当明确规定评标委员会成员对评价过程及结果产生较大分歧时的处理原则与方法,包括以下内容:

a. 评标委员会成员对同一投标人的商务、技术、服务及其他评价内容的分项评分结果出现差距时,应遵循以下调整原则:评标委员会成员的分项评分偏离超过评标委员会全体成员的评分均值 ±20%,该成员的该项分值将被剔除,以其他未超出偏离范围的评标委员会成员的评分均值(称为"评分修正值")替代;评标委员会成员的分项评分偏离均超过评标委员会全体成员的评分均值 ±20%,则以评标委员会全体成员的评分均值作为该投标人的分项得分。

b. 评标委员会成员对综合排名及推荐中标结果存在分歧时的处理原则与方法。

⑥综合评价法应当明确规定投标人出现下列情形之一的,将不得被确定为推荐中标人:

a. 该投标人的评标价格超过全体有效投标人的评标价格平均值一定比例以上的。

b. 该投标人的技术得分低于全体有效投标人的技术得分平均值一定比例以上的。

上述比例由招标文件具体规定,且第 a 项中所列的比例不得高于 40%,第 b 项中所列的比例不得高于 30%。

(3)政府采购项目评标方法。

根据《政府采购货物和服务招标投标管理办法》,评标方法分为最低评标价法、综合评分法及性价比法。

1)最低评标价法。与世界银行方法相同,与商务部国际招标方法不同。最低评标价法是指以价格为主要因素确定中标候选供应商的评标方法,即在全部满足招标文件实质性要求前提下,依据统一的价格要素评定最低报价,以提出最低报价的投标人作为中标候选供应商或者中标供应商的评标方法。最低评标价法适用于标准定制商品及通用服务项目。

需要注意,《自主创新产品政府采购评审办法》规定:采用最低评标价法评标的项目,对自主创新产品可以在评审时对其投标价格给予 5%～10% 幅度不等的价格扣除。

2)综合评分法。综合评分法是指在最大限度地满足招标文件实质性要求前提下,按照招标文件中规定的各项因素进行综合评审后,以评标总得分最高的投标人作为中标候选供应商或者中标供应商的评标方法。

综合评分的主要因素是:价格、技术、财务状况、信誉、业绩、服务、对招标文件的响应程度,以及相应的比重或者权值等。上述因素应当在招标文件中事先规定。评标时,评标委员会各成员应当独立对每个有效投标人的标书进行评价、打分,然后汇总每个投标人每项评分因素的得分。

采用综合评分法的,货物项目的价格分值占总分值的比重(即权值)为 30%～60%;服务项目的价格分值占总分值的比重(即权值)为 10%～30%。执行统一价格标准的服务项目,其价格不列为评分因素。有特殊情况需要调整的,应当经同级人民政府财政部门批准。

评标总得分 $= F_1 \times A_1 + F_2 \times A_2 + \cdots + F_n \times A_n$。其中,$F_1, F_2, \cdots, F_n$ 分别为各项评分因素的汇总得分;$A_1, A_2, \cdots, A_n$ 分别为各项评分因素所占的权重($A_1 + A_2 + \cdots + A_n = 1$)。

此外,《财政部关于加强政府采购货物和服务项目价格评审管理的通知》规定,综合评分法中的价格分统一采用低价优先法计算,即满足招标文件要求且投标价格最低的投标报价为评标基准价,其价格分为满分。其他投标人的价格分统一按照下列公式计算:投标报价得分 =(评标基准价/投标报价)×价格权值×100。采购人或其委托的采购代理机构对同类采购项目采用综合评分法的,原则上不得改变评审因素和评分标准。

需要注意,《自主创新产品政府采购评审办法》规定,采用综合评分法评标的项目,对自主创新产品应当增加自主创新评审因素,并在评审时,在满足基本技术条件的前提下,对技术和价格项目按下列规则给予一定幅度的加分:①在价格评标项中,可以对自主创新产品给予价格评标总分值的 4% ~8% 幅度不等的加分。②在技术评标项中,可以对自主创新产品给予技术评标总分值的 4% ~8% 幅度不等的加分。

3)性价比法。性价比法是指按照要求对投标文件进行评审后,计算出每个有效投标人除价格因素以外的其他各项评分因素(包括技术、财务状况、信誉、业绩、服务、对招标文件的响应程度等)的汇总得分,并除以该投标人的投标报价,以商数(评标总得分)最高的投标人为中标候选供应商或者中标供应商的评标方法。

评标总得分 = B/N

B 为投标人的综合得分,$B = F_1 \times A_1 + F_2 \times A_2 + \cdots + F_n \times A_n$,其中:$F_1, F_2, \cdots, F_n$ 分别为除价格因素以外的其他各项评分因素的汇总得分;$A_1, A_2, \cdots, A_n$ 分别为除价格因素以外的其他各项评分因素所占的权重($A_1 + A_2 + \cdots + A_n = 1$)。

N 为投标人的投标报价。

需要注意,《自主创新产品政府采购评审办法》规定:采用性价比法评标的项目,对自主创新产品可增加自主创新评分因素和给予一定幅度的价格扣除。按照前条所述原则,在技术评标项中增加自主创新产品评分因素;给予自主创新产品投标报价 4% ~8% 幅度不等的价格扣除。此外,在上述各条所设比例幅度内,招标采购单位可根据不同类别自主创新产品的科技含量、市场竞争程度、市场成熟度和销售特点等因素,分别设置固定合理的价格扣除比例、加分幅度和自主创新因素分值等,并在招标文件中予以确定。

(4)其他评标方法。

《评标委员会和评标方法暂行规定》规定,评标法还包括法律、行政法规允许的其他评标法。事实上,对专业性较强的招标项目,相关行政监督部门也规定了其他评标方法。招标人在实际招标项目操作中,应注意结合使用。

1)专家评议法。专家评议法也称定性评议法或综合评议法,评标委员会根据预先确定的评审内容,如报价、工期、技术方案和质量等,对各投标文件共同分项进行定性的分析、比较,进行评议后,选择投标文件在各指标都优良者为候选中标人,也可以用表决的方式确定候选中标人。这种方法实际上是定性的优选法,由于没有对各投标因素的量化(除报价是定量指标外)比较,标准难以确切掌握,往往需要评标委员会协商,评标的随意性较大。其优点是评标委员会成员之间可以直接对话与交流,交换意见和讨论比较深入,评标过程简单,在较短时间内即可完成,当成员之间评标差距过大时,确定中标人较困难。

专家评议法一般适用于小型项目或无法量化投标条件的情况下使用。

2)最低投标价法。最低投标价法,是价格法之一种,也称合理最低投标价法,即能够满足招标文件的各项要求,投标价格最低的投标可作为中选投标。

一般适用于简单商品、半成品、原材料,以及其他性能、质量相同或容易进行比较的货物招标。这些货物技术规格简单,技术性能和质量标准及等级通常可采用国际(国家)标准规范,此时仅以投标价格的合理性作为唯一尺度定标。

对于这类产品的招标,招标文件应要求投标人根据规定的交货条件提出标价。计算价格的方法通常情况是,如果所采购的货物从国外进口,则一般规定以买主国家指定港口的到岸价格报价。如果所采购货物来自国内,则一般要求以出厂价报价。如果所提供的货物是投标人早已从国外进口,目前已存放在国内的,则投标价应为仓库交货价或展室价。

3)性价比法。在政府采购评标中除了综合评分法和最低评标价法外,还采用性价比法。这种方法实质上也是一种"评分"的评标方法。投标人总得分 $= B/N$。其中,B 为投标人价格因素以外各项评分之和,N 为投标人报价之和。

4)常用折算分值方法。在采用综合评估法评标时,需要对价格及其商务、技术参数指标折算成分值常用的有以下方法:

①排除法。对于只需要判定是否符合招标文件要求或是否具有某项功能的指标,可以规定符合要求或具有功能即获得相应分值,反之则不得分。

②区间法。对于可以明确量化的指标,规定各区间的对应分值,根据投标人的投标响应情况进行对照打分。采用区间法时需要特别注意区间设置要全面、连续,特别是临界点、最高值最低值等的设定。

③排序法。对于可以在投标人之间具体比较的指标,规定不同名次的对应分值,并根据投标人的投标响应情况进行优劣排序后依次打分。

④计算法。需要根据投标人的投标响应情况进行计算打分的指标,应当规定相应的计算公式和方法。

⑤两步评价法。总体设计、总体方案等无法量化比较的评价内容与因素,可以采取两步评价方法:第一步,评标委员会成员独立确定投标人该项评价内容的优劣等级,不同专家评出的优劣等级对应的分值算术平均后确定该投标人该项评价内容的平均等级;第二步,评标委员会全体成员根据投标人的平均等级,在对应的分值区间内打分。

上述五种类型评价方法应充分考虑每个评价因素所有可能的投标响应,且每一种可能的投标响应须对应一个明确的分值或分值区间。采用上述第⑤项所列方法除外。

5)其他方法。在招投标实践中,根据项目特点,还有很多评标方法。

①在有些行业使用的两阶段评标法、双信封法只是在评标程序上不同,在基本评标方法可归纳为以上方法之一。

②在服务领域的招标工作中,采用征求意见书或设计竞赛等方式,业主通过发布公告或征求服务建议书,向感兴趣的服务者发出邀请效果也很好。

③关于 BOT 等特殊项目的评标方法:

BOT(建设、运营、移交)项目是由投资人投资建设、按照合同约定经营并在合同规定时间移交给项目所有人的工程建设项目。

BOT 项目招标属于服务类融资和管理项目招标,其项目管理、招标程序、评标重点同工程建设、设备材料招标有很大差异。

4.2.6　评标纪律

《招标投标法》第 44 条规定:"评标委员会成员应当客观、公正地履行职务,遵守职业道德,对所提出的评审意见承担个人责任。评标委员会成员不得私下接触投标人,不得收受投标人的财物或者其他好处。评标委员会成员和参与评标的有关工作人员不得透露对投标文件的评审和比较、中标候选人的推荐情况以及与评标有关的其他情况。"上述规定表明,评标委员会成员应当遵守下列几方面纪律:

(1)遵守职业道德,对所提出的评审意见负责。评标委员会成员必须严格遵守有关法规和招标文件的评标办法和评标细则,对开标中所有拆封并唱标的投标文件进行评审和比较,独立评审,不得将自身意见强加给其他评委或诱导其他评委认同,不得私下互相串通压制其他评委成员的意见,并对所提出的评审意见承担个人责任。以高尚的职业道德、良好的专业知识和认真负责的精神,公平和公正地履行评标职责。

(2)不得私下接触投标人,不得收受投标人的财物或者其他好处。由于评标委员会成员享有评审和比较投标,推荐中标候选人的重要权力,为了保证评标的公正和公平性,评标委员会不得私下接触投标人,不得接受投标人的馈赠或者其他好处。

(3)不得透露对投标文件的评审和比较,中标候选人的推荐情况以及与评标有关的其他情况。评标委员会成员作为评标工作的直接参与者,对投标文件的评审和比较、推荐中标候选人及其他有关情况最为了解,评标委员会成员必须自觉遵守评标保密纪律,评标中和评标后均不得私下向外透露对投标文件的评审、推荐中标候选人和评标有关情况。参与评标的有关工作人员也应自觉遵守评标保密纪律。招标采购单位应当采取必要措施,保证评标在严格保密的情况下进行。任何单位和个人不得非法干预、影响评标办法的确定,以及评标过程和结果。

此外《评标专家和评标专家库管理暂行办法》、《评标委员会和评标方法暂行规定》、《机电产品国际招标投标实施办法》、《政府采购货物和服务招标投标管理办法》、《政府采购评审专家管理办法》等,均对评标纪律作出了类似规定。

4.2.7　评标报告

《招标投标法》第40条规定:"评标委员会完成评标后,应当向招标人提出书面评标报告,并推荐合格的中标候选人。"该规定确立了由评标委员会推荐中标候选人的原则。评标委员会的评标工作,最终以书面评标报告的形式体现,成果是推荐中标候选人。不论招标人、招标代理机构,还是有关主管部门,都无权改变、剥夺评标委员会推荐中标候选人的法定权利,不得脱离评标报告,在中标候选人之外确定中标人。该原则保障了评标委员会在招标投标活动中独立的工作价值。

评标报告具有四个共同特征:第一,应在完成评标后编制;第二,由评标委员会经全体成员签字后向招标人提交;第三,评标报告中应依法推荐合格的中标候选人;第四,评标报告应全面反映评标情况。相关部门规章对评标报告的内容作了具体的规定。

1.依法必须招标项目

《评标委员会和评标方法暂行规定》规定,评标委员会完成评标后,应当向招标人提出书面评标报告,并抄送有关行政监督部门。评标报告应当如实记载以下内容:

(1)基本情况和数据表。

(2)评标委员会成员名单。

(3)开标记录。

（4）符合要求的投标一览表。

（5）废标情况说明。

（6）评标标准、评标方法或者评标因素一览表。

（7）经评审的价格或者评分比较一览表。

（8）经评审的投标人排序。

（9）推荐的中标候选人名单与签订合同前要处理的事宜。

（10）澄清、说明、补正事项纪要。

评标报告由评标委员会全体成员签字。对评标结论持有异议的评标委员会成员可以书面方式阐述其不同意见和理由。评标委员会成员拒绝在评标报告上签字且不陈述其不同意见和理由的，视为同意评标结论。评标委员会应当对此作出书面说明并记录在案。向招标人提交书面评标报告后，评标委员会即告解散。评标过程中使用的文件、表格，以及其他资料应当即时归还招标人。《工程建设项目勘察设计招标投标办法》规定，依法必须进行勘察设计招标的项目，评标委员会决定否决所有投标的，还应在评标报告中详细说明理由。

2．机电产品国际招标项目

《机电产品国际招标投标实施办法》规定，评标委员会的每位成员在评标结束时，必须分别填写评标委员会成员评标意见表，评标意见表是评标报告必不可少的一部分。评标报告一般包括：

（1）项目简介。

（2）招标过程简介。

（3）评标过程。

（4）评标结果。

（5）开标一览表。

（6）符合性检查表。

（7）商务评议表。

（8）技术参数比较表。

（9）评标价格比较表。

（10）授标建议。

采用综合评价法评标的，评标报告还应当详细载明综合评价得分的计算过程，包括但不限于以下表格：评标委员会成员评价记录表、商务最终评分汇总表、技术最终评分汇总表、服务及其他评价内容最终评分汇总表、价格最终评分记录表、投标人最终评分汇总及排名表和评审意见表。

3．政府采购项目

《政府采购货物和服务招标投标管理办法》规定，评标报告是评标委员会根据全体评标成员签字的原始评标记录和评标结果编写的报告，其主要内容包括：

（1）招标公告刊登的媒体名称、开标日期和地点。

（2）购买招标文件的投标人名单和评标委员会成员名单。

（3）评标方法和标准。

（4）开标记录和评标情况及说明，包括投标无效的投标人名单及原因。

（5）评标结果和中标候选供应商排序表。

（6）评标委员会的授标建议。

4.2.8　评标委员会成员的法律责任

评标委员会成员的法律责任,是指评标委员会成员在招标过程中对其所实施的行为应当承担的法律后果。评标委员会在招标投标活动中,既不是行政领导机构,也不是业务主管部门,而是依法独立行使评标职能的组织。评标委员会成员应当客观、公正的履行职务,严格遵守法律、法规所规定的义务及职业道德,否则其亦应当承担相应的法律责任。

（1）评标委员会成员的法律责任。

《招标投标法》第 56 条规定,评标委员会成员收受投标人的财物或者其他好处的,评标委员会成员或者参加评标的有关工作人员向他人透露对投标文件的评审和比较、中标候选人的推荐,以及与评标有关的其他情况的,给予警告,没收收受的财物,可以并处 3000 元以上 5 万元以下的罚款,对有所列违法行为的评标委员会成员取消担任评标委员会成员的资格,不得再参加任何依法必须进行招标的项目的评标;构成犯罪的,依法追究刑事责任。

《招标投标法实施条例》第 71 条规定,评标委员会成员有下列行为之一的,由有关行政监督部门责令改正;情节严重的,禁止其在一定期限内参加依法必须进行招标的项目的评标;情节特别严重的,取消其担任评标委员会成员的资格:

1）应当回避而不回避。

2）擅离职守。

3）不按照招标文件规定的评标标准和方法评标。

4）私下接触投标人。

5）向招标人征询确定中标人的意向或者接受任何单位或者个人明示或者暗示提出的倾向或者排斥特定投标人的要求。

6）对依法应当否决的投标不提出否决意见。

7）暗示或者诱导投标人作出澄清、说明或者接受投标人主动提出的澄清、说明。

8）其他不客观、不公正履行职务的行为。

（2）除《招标投标法》第 56 条和《招标投标法实施条例》第 71 条对评标委员会成员的法律责任作出规定外,其他一些部门规章如《工程建设项目货物招标投标办法》、《工程建设项目施工招标投标办法》、《机电产品国际招标投标实施办法》、《进一步规范机电产品国际招标投标活动有关规定》等对评标委员会成员的相关行政法律责任也作出了相关规定。

（3）评标委员会成员因违法行为应承担的行政法律责任方式有:

1）警告。

2）取消担任评标委员会的资格。

3）有违法所得的没收违法所得。

4）罚款,根据违法行为的不同处以不同的罚款额度等。

（4）评标委员会成员承担刑事法律责任的方式。评标委员会违反《招标投标法》第 56 条的相关规定,构成犯罪的,依法应当承担受贿罪、侵犯商业秘密罪等刑罚。根据《最高人民法院、最高人民检察院关于办理商业贿赂刑事案件适用法律若干问题的意见》第 6 条的相关规定,依法组建的评标委员会在招标、评标活动中,索取他人财物或者非法收受他人财物,为他人谋取利益,数额较大的,依照刑法第 163 条的规定,以非国家工作人员受贿罪定罪处罚。

4.3　建筑工程废标

4.3.1　废标概念

废标,一般是评标委员会履行评标职责过程中,对投标文件依法作出的取消其中标资格、不再予以评审的处理决定。《政府采购货物和服务招标投标管理办法》将废标称之为"按照无效投标处理"。

(1)《评标委员会和评标方法暂行规定》规定了四类废标情况。

1)在评标过程中,评标委员会发现投标人以他人的名义投标、串通投标、以行贿手段谋取中标或者以其他弄虚作假方式投标的,该投标人的投标应作废标处理。

2)在评标过程中,评标委员会发现投标人的报价明显低于其他投标报价或者在设有标底时明显低于标底,使得其投标报价可能低于其个别成本的,应当要求该投标人作出书面说明并提供相关证明材料。投标人不能合理说明或者不能提供相关证明材料的,由评标委员会认定该投标人以低于成本报价竞标,其投标应作废标处理。

3)投标人资格条件不符合国家有关规定和招标文件要求的,或者拒不按照要求对投标文件进行澄清、说明或者补正的,评标委员会可以否决其投标。

4)未能在实质上响应招标文件要求的投标,应作废标处理。投标文件有下列情况之一的,属于未能对招标文件作出实质性响应的重大偏差:

①没有按照招标文件要求提供投标担保或者所提供的投标担保有瑕疵。

②投标文件没有投标人授权代表签字和加盖公章。

③投标文件载明的招标项目完成期限超过招标文件规定的期限。

④明显不符合技术规格、技术标准的要求。

⑤投标文件载明的货物包装方式、检验标准和方法等不符合招标文件的要求。

⑥投标文件附有招标人不能接受的条件。

⑦不符合招标文件中规定的其他实质性要求。

(2)《工程建设项目勘察设计招标投标办法》规定了两类废标情况。

1)投标文件有下列情况之一的,应作废标处理或被否决:

①未按要求密封。

②未加盖投标人公章,也未经法定代表人或者其授权代表签字。

③投标报价不符合国家颁布的勘察设计取费标准,或者低于成本恶性竞争的。

④未响应招标文件的实质性要求和条件的。

⑤以联合体形式投标,未向招标人提交共同投标协议的。

2)投标人有下列情况之一的,其投标应作废标处理或被否决:

①未按招标文件要求提供投标保证金。

②与其他投标人相互串通报价,或者与招标人串通投标的。

③以他人名义投标,或者以其他方式弄虚作假。

④以向招标人或者评标委员会成员行贿的手段谋取中标的。

⑤联合体通过资格预审后在组成上发生变化,含有未经过资格预审或者资格预审不合格

的法人或者其他组织。

⑥投标文件中标明的投标人与资格预审的申请人在名称和组织结构上存在实质性差别的。

(3)《建筑工程设计招标投标管理办法》规定的废标处理,有下列情形之一的,投标文件作废:

1)投标文件未经密封的。

2)无相应资格的注册建筑师签字的。

3)无投标人公章的。

4)注册建筑师受聘单位与投标人不符的。

(4)《工程建设项目施工招标投标办法》规定的废标处理,投标文件有下列情形之一的,由评标委员会初审后按照废标处理:

1)无单位盖章并无法定代表人或法定代表人授权的代理人签字或盖章的。

2)未按规定的格式填写,内容不全或关键字迹模糊、无法辨认的。

3)投标人递交两份或多份内容不同的投标文件,或在一份投标文件中对同一招标项目报有两个或多个报价,且未声明哪一个有效,按招标文件规定提交备选投标方案的除外。

4)投标人名称或组织结构与资格预审时不一致的。

5)未按招标文件要求提交投标保证金的。

6)联合体投标未附联合体各方共同投标协议的。

(5)《工程建设项目货物招标投标办法》规定了两类废标情况

1)投标文件有下列情形之一的,由评标委员会初审后按照废标处理:

①无单位盖章并无法定代表人或法定代表人授权的代理人签字或盖章的。

②无法定代表人出具的授权委托书的。

③未按规定的格式填写,内容不全或关键字迹模糊、无法辨认的。

④投标人递交两份或多份内容不同的投标文件,或在一份投标文件中对同一招标货物报有两个或多个报价,且未声明哪一个为最终报价的,按招标文件规定提交备选投标方案的除外。

⑤投标人名称或组织结构与资格预审时不一致且未提供有效证明的。

⑥投标有效期不满足招标文件要求的。

⑦未按招标文件要求提交投标保证金的。

⑧联合体投标未附联合体各方共同投标协议的。

⑨招标文件明确规定可以废标的其他情形。

2)对投标文件不响应招标文件的实质性要求和条件的,评标委员会应当作废标处理,并不允许投标人通过修正或撤销其不符合要求的差异或保留,使之成为具有响应性的投标。

(6)《机电产品国际招标投标实施办法》和《进一步规范机电产品国际招标投标活动有关规定》规定了四种废标情况。

1)在商务评标过程中,有下列情况之一者,应予废标处理,不再进行技术评标:

①投标人未提交投标保证金或保证金金额不足、保函有效期不足、投标保证金形式或出具投标保函的银行不符合招标文件要求的。

②投标文件未按照要求逐页签字的。

③投标人及其制造商与招标人、招标机构有利害关系的。

④投标人的投标书、资格证明未提供或不符合招标文件要求的。

⑤投标文件无法定代表人签字，或签字人无法定代表人有效授权书的。

⑥投标人业绩不满足招标文件要求的。

⑦投标有效期不足的。

⑧投标文件符合招标文件中规定废标的其他商务条款的。除本办法另有规定外，前款所列文件应当提供原件，并且在开标后不得澄清、后补，否则将导致废标。

2）技术评标过程中，有下列情况之一者，应予废标处理：

①投标文件不满足招标文件技术规格中加注星号（ ＊ ）的主要参数要求或加注星号（ ＊ ）的主要参数无技术资料支持的。

②投标文件技术规格中一般参数超出允许偏离的最大范围或最高项数的。

③投标文件技术规格中的响应与事实情况不符或虚假投标的。

④投标人复制招标文件的技术规格相关部分内容作为其投标文件中一部分的。

3）按规定必须进行资格预审的项目，对已通过资格预审的投标人不能在资格后审时以资格不合格将其废标，但在招标周期内该投标人的资格发生了实质性变化不再满足原有资格要求的除外。不需进行资格预审的项目，对符合性检查、商务评标合格的投标人不能再因其资格不合格将其商务废标，但在招标周期内该投标人的资格发生了实质性变化不再满足原有资格要求的除外。

4）有备选方案的投标人，凡未按要求注明主选方案的，应予以废标。

（7）《政府采购货物和服务招标投标管理办法》第56条规定了四种情形按废标即无效投标处理，投标文件属下列情况之一的，应当在资格性、符合性检查时按照无效投标处理：

1）应交未交投标保证金的。

2）未按照招标文件规定要求密封、签署、盖章的。

3）不具备招标文件中规定资格要求的。

4）不符合法律、法规和招标文件中规定的其他实质性要求的。

（8）《招标投标法实施条例》第51条规定了七种评标委员会应当否决其投标的情况。

1）投标文件未经投标单位盖章和单位负责人签字。

2）投标联合体没有提交共同投标协议。

3）投标人不符合国家或者招标文件规定的资格条件。

4）同一投标人提交两个以上不同的投标文件或者投标报价，但招标文件要求提交备选投标的除外。

5）投标报价低于成本或者高于招标文件设定的最高投标限价。

6）投标文件没有对招标文件的实质性要求和条件作出响应。

7）投标人有串通投标、弄虚作假、行贿等违法行为。

4.3.2 废标注意事项

废标应注意的几个问题：

（1）除非法律有特别规定，废标是评标委员会依法作出的处理决定。其他相关主体，如招标人或招标代理机构，无权对投标作废标处理。

（2）废标应符合法定条件。评标委员会不得任意废标，只能依据法律规定及招标文件的明确要求，对投标进行审查决定是否应予废标。

（3）被作废标处理的投标，不再参加投标文件的评审，也完全丧失中标的机会。相关部门规章规定了具体的废标情况和条件。

4.3.3　否决所有投标

《招标投标法》第42条规定："评标委员会经评审，认为所有投标都不符合招标文件要求的，可以否决所有投标。"《评标委员会和评标方法暂行规定》规定，评标委员会否决不合格投标或者界定为废标后，因有效投标不足3个使得投标明显缺乏竞争的，评标委员会可以否决全部投标。《政府采购法》将否决所有投标称之为"废标"。

从上述规定可以看出，否决所有投标包括两种情况：一是所有的投标都不符合招标文件要求，因每个投标均被界定为废标、被认为无效或不合格，所以，评标委员会否决了所有的投标。二是部分投标被界定为废标、被认为无效或不合格之后，仅剩余不足3个的有效投标，使得投标明显缺乏竞争的，违反了招标采购的根本目的，所以，评标委员会可以否决全部投标。

对于个体投标人而言，不论其投标是否合格有效，都可能发生所有投标被否决的风险，即投标符合法律和招标文件要求，但结果是无法中标。对于招标人而言，上述两种情况下，结果都是相同的，即所有的投标被依法否决，当次招标结束。

《政府采购法》第36条规定："在招标采购中，出现下列情形之一的，应予废标：（一）符合专业条件的供应商或者对招标文件作实质响应的供应商不足3家的；（二）出现影响采购公正的违法、违规行为的；（三）投标人的报价均超过了采购预算，采购人不能支付的；（四）因重大变故，采购任务取消的。废标后，采购人应当将废标理由通知所有投标人。"

4.3.4　重新招标

《招标投标法》第28条规定："投标人少于3个的，招标人应当依照本法重新招标。"第42条规定："依法必须进行招标的项目的所有投标被否决的，招标人应当依照本法重新招标。"

重新招标，是一个招标项目发生法定情况，无法继续进行评标、推荐中标候选人，当次招标结束后，如何开展项目采购的一种选择。所谓法定情况，包括于投标截止时间到达时投标人少于3个、评标中所有投标被否决或其他法定情况。应注意，相关部门规章对不同类别项目重新招标的法定情况作出了具体规定。

（1）《评标委员会和评标方法暂行规定》第27条规定："投标人少于3个或者所有投标被否决的，招标人应当依法重新招标。"

（2）《工程建设项目勘察设计招标投标办法》第48条规定："在下列情况下，招标人应当依照本办法重新招标：（一）资格预审合格的潜在投标人不足3个的；（二）在投标截止时间前提交投标文件的投标人少于3个的；（三）所有投标均被作废标处理或被否决的；（四）评标委员会否决不合格投标或者界定为废标后，因有效投标不足3个使得投标明显缺乏竞争，评标委员会决定否决全部投标的；（五）根据第四十六条规定，同意延长投标有效期的投标人少于3个的。"

（3）《工程建设项目货物招标投标办法》有4条规定了重新招标的情况

1）第34条规定："提交投标文件的投标人少于3个的，招标人应当依法重新招标。重新招标后投标人仍少于 3 个的,必须招标的工程建设项目,报有关行政监督部门备案后可以不再进行招标,或者对两家合格投标人进行开标和评标。"

2)第 28 条规定:"同意延长投标有效期的投标人少于 3 个的,招标人应当重新招标。"

3)第 41 条规定:"评标委员会对所有投标作废标处理的,或者评标委员会对一部分投标作废标处理后其他有效投标不足两个使得投标明显缺乏竞争,决定否决全部投标的,招标人应当重新招标。"

4)第 55 条规定:"招标人或者招标代理机构有下列情形之一的,有关行政监督部门责令其限期改正,根据情节可处 3 万元以下的罚款:(一)未在规定的媒介发布招标公告的;(二)不符合规定条件或虽符合条件而未经批准,擅自进行邀请招标或不招标的;(三)依法必须招标的货物,自招标文件开始发出之日起至提交投标文件截止之日止,少于 20 日的;(四)应当公开招标而不公开招标的;(五)不具备招标条件而进行招标的;(六)应当履行核准手续而未履行的;(七)未按审批部门核准内容进行招标的;(八)在提交投标文件截止时间后接收投标文件的;(九)投标人数量不符合法定要求不重新招标的;(十)非因不可抗力原因,在发布招标公告、发出投标邀请书或者发售资格预审文件或招标文件后终止招标的。具有前款情形之一,且情节严重的,应当依法重新招标。"

(4)《机电产品国际招标投标实施办法》规定了两类重新招标的情况。

1)当投标截止时间到达时,投标人少于 3 个的应停止开标,并依照本办法重新组织招标。两家以上投标人的投标产品为同一家制造商或集成商生产的,按一家投标人计算。对两家以上集成商使用同一家制造商产品作为其集成产品一部分的,按不同集成商计算。

但是,《进一步规范机电产品国际招标投标活动有关规定》规定:

①对于国外贷款项目,当投标截止时间到达时,投标人少于 3 个的可直接进入两家开标或直接采购程序;招标机构应当于开标当日在招标网上递交"两家开标备案申请"(投标人为两个)或"直接采购备案申请"(投标人为一个),招标网将生成备案复函。

②对于利用国内资金机电产品国际招标项目,当投标截止时间到达时,投标人少于 3 个的应当立即停止开标或评标。招标机构应当发布开标时间变更公告,第一次投标截止日与变更公告注明的第二次投标截止日间隔不得少于 7 日。第二次投标截止时间到达时,投标人仍少于 3 个的,报经主管部门审核同意后,可直接进入两家开标或直接采购程序。

2)在国际招标过程中,有下列情况之一的,经向相应的主管部门备案,招标人可以重新组织招标:

①经评标,没有实质上满足招标文件商务、技术要求的投标人的。

②招标人的采购计划发生重大变更的。

③当次招标被相应主管部门宣布无效的。

除上述所列情况外,招标人不得擅自决定重新招标。

(5)《政府采购货物和服务招标投标管理办法》第 43 条规定,投标截止时间结束后参加投标的供应商不足 3 家的,除采购任务取消情形外,招标采购单位应当报告设区的市、自治州以上人民政府财政部门,由财政部门按照以下原则处理:

1)招标文件没有不合理条款、招标公告时间及程序符合规定的,同意采取竞争性谈判、询价或者单一来源方式采购。

2)招标文件存在不合理条款的,招标公告时间及程序不符合规定的,应予废标,并责成招标采购单位依法重新招标。

在评标期间,出现符合专业条件的供应商或者对招标文件作出实质响应的供应商不足3家情形的,可以比照前款规定执行。

4.4　招标投标投诉处理

4.4.1　招标投标投诉的概念

招标投标投诉,是指投标人和其他利害关系人认为招标投标活动不符合法律、法规和规章规定,依法向有关行政监督部门提出意见并要求相关主体改正的行为。建立招标投诉制度的目的是为了保护国家利益、社会公共利益和招标投标当事人的合法权益,公平、公正处理招标投诉的基本要求。《招标投标法》第65条规定:"投标人和其他利害关系人认为招标投标活动不符合本法有关规定的,有权向招标人提出异议或者依法向有关行政监督部门投诉。"

4.4.2　一般规定

(1)投标人或者其他利害关系人认为招标投标活动不符合法律、行政法规规定的,可以自知道或者应当知道之日起10日内向有关行政监督部门投诉。投诉应当有明确的请求和必要的证明材料。

就下列规定事项投诉的,应当先向招标人提出异议,异议答复期间不计算在前款规定的期限内:

1)潜在投标人或者其他利害关系人对资格预审文件有异议的。

2)潜在投标人或者其他利害关系人对招标文件有异议的。

3)头辨认对开标有异议的。

4)投标人或者其他利害关系人对依法必须进行招标的项目的评标结果有异议的。

(2)投诉人就同一事项向两个以上有权受理的行政监督部门投诉的,由最先收到投诉的行政监督部门负责处理。

行政监督部门应当自收到投诉之日起3个工作日内决定是否受理投诉,并自受理投诉之日起30个工作日内作出书面处理决定;需要检验、检测、鉴定、专家评审的,所需时间不计算在内。

投诉人捏造事实、伪造材料或者以非法手段取得证明材料进行投诉的,行政监督部门应当予以驳回。

(3)行政监督部门处理投诉,有权查阅、复制有关文件、资料,调查有关情况,相关单位和人员应当予以配合。必要时,行政监督部门可以责令暂停招标投标活动。

行政监督部门的工作人员对监督检查过程中知悉的国家秘密、商业秘密,应当依法予以保密。

4.4.3　工程建设项目招标投标投诉

工程建设项目招标投标活动的投诉和处理,主要适用《工程建设项目招标投标活动投诉处理办法》。招标投标投诉可以在招标投标活动的各个阶段提出,包括招标、投标、开标、评标、中标以及签订合同等。

1. 招标投标投诉受理的程序和要求

（1）招标投标投诉人。

《工程建设项目招标投标活动投诉处理办法》第3条规定,投标人和其他利害关系人认为招标投标活动不符合法律、法规和规章规定的,有权依法向有关行政监督部门投诉。

（2）招标投标投诉受理人。

招标投标投诉受理人是招标投标的行政监督部门。各级发展改革、建设、水利、交通、铁道、民航、工业与信息产业（通信、电子）等招标投标活动行政监督部门,依照国务院和地方各级人民政府规定的职责分工,受理投诉并依法作出处理决定。对国家重大建设项目（含工业项目）招标投标活动的投诉,由国家发展改革委受理并依法作出处理决定。对国家重大建设项目招标投标活动的投诉,有关行业行政监督部门已经受理的,应当通报国家发展改革委,国家发展改革委不再受理。

（3）投诉人提交投诉书。

《工程建设项目招标投标活动投诉处理办法》第7条规定,投诉人投诉时,应当提交投诉书。投诉书应当包括下列内容：

1）投诉人的名称、地址及有效联系方式。

2）被投诉人的名称、地址及有效联系方式。

3）投诉事项的基本事实。

4）相关请求及主张。

5）有效线索和相关证明材料。

投诉人是法人的,投诉书必须由其法定代表人或者授权代表签字并盖章;其他组织或者个人投诉的,投诉书必须由其主要负责人或者投诉人本人签字,并附有效身份证明复印件。投诉书有关材料是外文的,投诉人应当同时提供其中文译本。由于投诉有高效的原则要求,因此,对投诉人提交投诉书有严格的时限要求,投诉人应当在知道或者应当知道其权益受到侵害之日起10日内提出书面投诉。投诉人可以直接投诉,也可以委托代理人办理投诉事务。代理人办理投诉事务时,应将授权委托书连同投诉书一并提交给行政监督部门。授权委托书应当明确有关委托代理权限和事项。

（4）行政监督部门决定是否受理投诉。

《工程建设项目招标投标活动投诉处理办法》第11条规定,行政监督部门收到投诉书后,应当在5日内进行审查,视情况分别作出以下处理决定：

1）不符合投诉处理条件的,决定不予受理,并将不予受理的理由书面告知投诉人。有下列情形之一的投诉,不予受理：

①投诉人不是所投诉招标投标活动的参与者,或者与投诉项目无任何利害关系。

②投诉事项不具体,且未提供有效线索,难以查证的。

③投诉书未署具投诉人真实姓名、签字和有效联系方式的。

④以法人名义投诉的,投诉书未经法定代表人签字并加盖公章的。

⑤超过投诉时效的。

⑥已经作出处理决定,并且投诉人没有提出新的证据的。

⑦投诉事项已进入行政复议或者行政诉讼程序的。

2)对符合投诉处理条件,但不属于本部门受理的投诉,书面告知投诉人向其他行政监督部门提出投诉。

3)对于符合投诉处理条件并决定受理的,收到投诉书之日即为正式受理。

2. 招标投标投诉处理的程序和要求

(1)关于回避的规定。投诉受理后,首先要确定具体的工作人员负责处理。《工程建设项目招标投标活动投诉处理办法》第13条规定,行政监督部门负责投诉处理的工作人员,有下列情形之一的,应当主动回避:

1)近亲属是被投诉人、投诉人,或者是被投诉人、投诉人的主要负责人。

2)在近三年内本人曾经在被投诉人单位担任高级管理职务。

3)与被投诉人、投诉人有其他利害关系,可能影响对投诉事项公正处理的。

(2)对投诉进行调查取证。调查取证是对投诉进行处理的基础,行政监督部门在进行调查取证时,应当正确行使权力。

1)调取、查阅有关文件。行政监督部门受理投诉后,应当调取、查阅有关文件,调查、核实有关情况。对情况复杂、涉及面广的重大投诉事项,有权受理投诉的行政监督部门可以会同其他有关的行政监督部门进行联合调查。

2)询问相关人员。行政监督部门可以对相关人员进行询问,但应当由两名以上行政执法人员进行,并做笔录,交被调查人签字确认。

3)听取被投诉人的陈述和申辩。在投诉处理过程中,行政监督部门应当听取被投诉人的陈述和申辩,必要时可通知投诉人和被投诉人进行质证。

4)遵守保密规定。行政监督部门负责处理投诉的人员应当严格遵守保密规定,对于在投诉处理过程中所接触到的国家秘密、商业秘密应当予以保密,也不得将投诉事项透露给与投诉无关的其他单位和个人。

5)相关人员的配合义务。对行政监督部门依法进行的调查,投诉人、被投诉人,以及评标委员会成员等与投诉事项有关的当事人应当予以配合,如实提供有关资料及情况,不得拒绝、隐匿或者伪报。

(3)对投诉人要求撤回投诉的处理。《工程建设项目招标投标活动投诉处理办法》第19条规定,投诉处理决定做出前,投诉人要求撤回投诉的,应当以书面形式提出并说明理由,由行政监督部门视以下情况,决定是否准予撤回:

1)已经查实有明显违法行为的,应当不准撤回,并继续调查直至做出处理决定。

2)撤回投诉不损害国家利益、社会公共利益或者其他当事人合法权益的,应当准予撤回,投诉处理过程终止。投诉人不得以同一事实和理由再提出投诉。

(4)投诉处理决定的作出。行政监督部门应当依法对投诉作出处理决定,程序上也应当符合规定。

1)投诉处理决定的时限和通知要求。负责受理投诉的行政监督部门应当自受理投诉之日起30日内,对投诉事项作出处理决定,并以书面形式通知投诉人、被投诉人和其他与投诉处理结果有关的当事人。情况复杂,不能在规定期限内作出处理决定的,经本部门负责人批准,可以适当延长,并告知投诉人和被投诉人。对情况复杂、涉及面广的重大投诉事项,有权受理投诉的行政监督部门会同其他有关的行政监督部门进行联合调查,共同研究后,仍由受理部门作出处理决定。

2）投诉处理决定的结果。《工程建设项目招标投标活动投诉处理办法》第 20 条规定,行政监督部门应当根据调查和取证情况,对投诉事项进行审查,按照下列规定做出处理决定:

a. 投诉缺乏事实根据或者法律依据的,驳回投诉。

b. 投诉情况属实,招标投标活动确实存在违法行为的,依据《中华人民共和国招标投标法》及其他有关法规、规章作出处罚。

3）投诉处理决定的主要内容。《工程建设项目招标投标活动投诉处理办法》第 22 条规定,投诉处理决定应当包括下列主要内容:

①投诉人和被投诉人的名称、住址。

②投诉人的投诉事项及主张。

③被投诉人的答辩及请求。

④调查认定的基本事实。

⑤行政监督部门的处理意见及依据。

4）当事人对投诉处理决定不服的。行政监督部门的投诉处理决定不是终局的,因此,当事人对行政监督部门的投诉处理决定不服或者行政监督部门逾期未做处理的,可以依法申请行政复议或者向人民法院提起行政诉讼。

5）投诉处理的费用。行政监督部门对投诉处理中需要的费用,全部由财政支出,行政监督部门在处理投诉过程中,不得向投诉人和被投诉人收取任何费用。

3. 招标投标投诉中追究法律责任的规定

（1）应当建立投诉处理档案。《工程建设项目招标投标活动投诉处理办法》第 23 条规定,行政监督部门应当建立投诉处理档案,并做好保存和管理工作,接受有关方面的监督检查。

（2）被投诉人的法律责任。《工程建设项目招标投标活动投诉处理办法》第 24 条规定,行政监督部门在处理投诉过程中,发现被投诉人单位直接负责的主管人员和其他直接责任人员有违法、违规或者违纪行为的,应当建议其行政主管机关、纪检监察部门给予处分;情节严重构成犯罪的,移送司法机关处理。对招标代理机构有违法行为,且情节严重的,依法暂停直至取消招标代理资格。

（3）投诉人的法律责任。《工程建设项目招标投标活动投诉处理办法》第 26 条规定,投诉人故意捏造事实、伪造证明材料的,属于虚假恶意投诉,由行政监督部门驳回投诉,并给予警告;情节严重的,可以并处 1 万元以下罚款。

（4）对投诉处理的舆论和公众监督。《工程建设项目招标投标活动投诉处理办法》第 29 条规定,对于性质恶劣、情节严重的投诉事项,行政监督部门可以将投诉处理结果在有关媒体上公布,接受舆论和公众监督。

5 建筑工程中标与合同签订

5.1 中标

中标是指在招标投标程序中,评标后招标人从中标候选人中去确定签订合同当事人的环节。其中,被确定为合同当事人的民事主体称为中标人。《招标投标法》第46条规定,招标人和中标应当自中标通知书发出之日起30日内,按照招标文件和中标人的投标文件订立书面合同。招标人和中标人不得再行订立背离合同实质性内容的其他协议。

5.1.1 中标条件

中标人的投标文件应与下述条件之一相符:

(1)综合评价最佳。

综合评价最佳者能够在投标过程中中标。综合评价最佳者也可称为能够最大限度地满足招标文件中所规定的各项综合评价标准者。它是指根据价格标准和非价格标准对投标文件进行总体评估和对比,以能够最大限度地满足招标文件所规定的各项要求的投标就可以中标。这侧重于投标文件的技术部分和商务部分的综合考量。

(2)经评审的投标价格最低。

经评审的投标价格最低并不是指以投标人的名义报价中的最低者,而是符合招标文件中规定的各项综合评价标准后最低的报价者。这个最低投标价格,不得低于投标人自身的成本价格,但可以比社会平均成本低。

5.1.2 确定中标人

1. 中标人确定原则

(1)确定中标人的权利归属招标人的原则。

评标委员会负责评标工作,但确定中标人的权利归属招标人。《招标投标法》第40条规定:"招标人根据评标委员会提出的书面评标报告和推荐的中标候选人确定中标人。"因此,在一般情况下,评标委员会只负责推荐合格中标候选人,中标人应当由招标人确定。确定中标人的权利,招标人可以自己直接行使,也可以授权评标委员会直接确定中标人。

(2)确定中标人的权利受限原则。

虽然确定中标人的权利属于招标人,但这种权利受到很大限制。按照国家有关部门规章规定,使用国有资金投资或者国家融资的工程建设勘察设计和货物招标项目、依法必须进行招标的工程建设施工招标项目、政府采购货物和服务招标项目、机电产品国际招标项目,招标人只能确定排名第一的中标候选人为中标人。

2. 中标候选人与中标人

强制招标项目中标人的顺序确定。使用国有资金投资或者国家融资的项目,招标人应当确定排名第一的中标候选人为中标人。排名第一的中标候选人放弃中标、因不可抗力提出不能履行合同,或者招标文件规定应当提交履约保证金而在规定的期限内未能提交的,招标人可以确定排名第二的中标候选人为中标人。排名第二的中标候选人因前述同样原因不能签订合同的,招标人可以确定排名第三的中标候选人为中标人。招标人还可以授权评标委员会直接确定中标人。强制招标项目如国务院对中标人的确定另有规定的,从其规定。

对依法必须强制招标项目以外的其他项目,招标人可以不受评标委员会排定的中标候选人顺序的限制。

5.1.3　中标确定流程

1.评标委员会推荐合格中标候选人

(1)按照《评标委员会和评标方法暂行规定》规定,依法必须招标的工程建设项目,评标委员会推荐的中标候选人应当限定在 1 至 3 人,并标明排列顺序。

(2)按照《机电产品国际招标投标实施办法》规定,机电产品国际招标,评标委员会只能推荐第一名为中标候选人。

(3)按照《政府采购货物和服务招标投标管理办法》规定,政府采购货物和服务招标,评标委员会推荐中标候选供应商数量应当根据采购需要确定,但必须按顺序排列中标候选供应商。评标委员会应当根据不同的评标方法,采取不同的推荐方法:

采用最低评标价法的,按投标报价由低到高顺序排列。投标报价相同的,按技术指标优劣顺序排列。评标委员会认为,排在前面的中标候选供应商的最低投标价或者某些分项报价明显不合理或者低于成本,有可能影响商品质量和不能诚信履约的,应当要求其在规定的期限内提供书面文件予以解释说明,并提交相关证明材料;否则,评标委员会可以取消该投标人的中标候选资格,按顺序由排在后面的中标候选供应商递补,以此类推。

采用综合评分法的,按评审后得分由高到低顺序排列。得分相同的,按投标报价由低到高顺序排列。得分且投标报价相同的,按技术指标优劣顺序排列。

采用性价比法的,按商数得分由高到低顺序排列。商数得分相同的,按投标报价由低到高顺序排列。商数得分且投标报价相同的,按技术指标优劣顺序排列。

2.招标人自行或者授权评标委员会确定中标人

招标人应当接受评标委员会推荐的中标候选人,不得在评标委员会推荐的中标候选人之外确定中标人。特殊项目,招标人应按照以下原则确定中标人:

(1)《评标委员会和评标方法暂行规定》第 48 条规定:"使用国有资金投资或者国家融资的项目,招标人应当确定排名第一的中标候选人为中标人。排名第一的中标候选人放弃中标、因不可抗力提出不能履行合同,或者招标文件规定应当提交履约保证金而在规定的期限内未能提交的,招标人可以确定排名第二的中标候选人为中标人。排名第二的中标候选人因前款规定的同样原因不能签订合同的,招标人可以确定排名第三的中标候选人为中标人。"

(2)《工程建设项目施工招标投标办法》第 58 条规定:"依法必须进行招标的项目,招标人应当确定排名第一的中标候选人为中标人。排名第一的中标候选人放弃中标、因不可抗力提出不能履行合同,或者招标文件规定应当提交履约保证金而在规定的期限内未能提交的,招标人可以确定排名第二的中标候选人为中标人。"

(3)《机电产品国际招标投标实施办法》第 35 条规定:"采用最低评标价法评标的,在商务、技术条款均满足招标文件要求时,评标价格最低者为推荐中标人;采用综合评价法评标的,综合得分最高者为推荐中标人。"

(4)《政府采购货物和服务招标投标管理办法》第 59 条规定,采购人应当按照评标报告中推荐的中标候选供应商顺序确定中标供应商。即首先应当确定排名第一的中标候选供应商为中标人,并与之订立合同。《政府采购货物和服务招标投标管理办法》第 60 条规定:"中标供应商因不可抗力或者自身原因不能履行政府采购合同的,采购人可以与排位在中标供应商之后第一位的中标候选供应商签订政府采购合同,以此类推。"因此,在政府采购项目的招标中,采购人(即招标人)也只能与排名第一的中标候选人订立合同。

3. 招标人确定中标人的时限要求

各类招标项目中,对确定中标人的时间限制有所不同。

(1)《评标委员会和评标方法暂行规定》第 40 条规定:"评标和定标应当在投标有效期结束日 30 个工作日前完成。不能在投标有效期结束日 30 个工作日前完成评标和定标的,招标人应当通知所有投标人延长投标有效期。拒绝延长投标有效期的投标人有权收回投标保证金。同意延长投标有效期的投标人应当相应延长其投标担保的有效期,但不得修改投标文件的实质性内容。因延长投标有效期造成投标人损失的,招标人应当给予补偿,但因不可抗力需延长投标有效期的除外。"

(2)《政府采购货物和服务招标投标管理办法》第 59 条规定,如果是委托采购代理机构采购的项目,采购人应当在收到评标报告后 5 个工作日内,按照评标报告中推荐的中标候选供应商顺序确定中标供应商;采购人自行组织招标的,应当在评标结束后 5 个工作日内确定中标供应商。

(3)建设部发布的《房屋建筑和市政基础设施工程施工招标投标管理办法》第 46 条规定,建设行政主管部门自收到书面报告之日起 5 日内未通知招标人在招标投标活动中有违法行为的,招标人可以向中标人发出中标通知书,并将中标结果通知所有未中标的投标人。

4. 中标结果公示或者公告

为了体现招标投标中的公平、公正、公开的原则,且便于社会的监督,确定中标人后,中标结果应当公示或者公告。

(1)工程建设项目。

建设部《关于加强房屋建筑和市政基础设施工程项目施工招标投标行政监督工作的若干意见》要求:"各地应当建立中标候选人的公示制度。采用公开招标的,在中标通知书发出前,要将预中标人的情况在该工程项目招标公告发布的同一信息网络和建设工程交易中心予以公示,公示的时间最短应当不少于 2 个工作日。"

(2)机电产品国际招标项目。

《机电产品国际招标投标实施办法》第 41 条规定:"在评标结束后,招标机构应当在招标网进行评标结果公示,公示期为 7 日。招标机构应按商务、技术和价格评议三个方面对每一位投标人的不中标理由在《评标结果公示表》中分别填写。填写的内容必须明确说明招标文件的要求和投标人的响应内容。《评标结果公示表》中的内容包括'推荐中标人及制造商名称'、'评标价格'和'不中标理由'等,应当与评标报告一致。评标结果公示为一次性公示,凡未公示的不中标理由不再作为废标或不中标的依据,因商务废标而没有参加技术评议的投标人的技术偏离问题除外。"第 42 条规定:"招标机构应在评标结果公示期内,将评标报告送至相关的主管部门备案。"第43条规定:"评标结果进行公示后,招标机构应当应投标人的要求解释公示结果。"

（3）政府采购项目。

《政府采购货物和服务招标投标管理办法》第62条规定:"中标供应商确定后,中标结果应当在财政部门指定的政府采购信息发布媒体上公告。公告内容应当包括招标项目名称、中标供应商名单、评标委员会成员名单、招标采购单位的名称和电话。"财政部发布的《政府采购信息公告管理办法》第12条又进一步规定:"中标公告应当包括下列内容:(一)采购人、采购代理机构的名称、地址和联系方式;(二)采购项目名称、用途、数量、简要技术要求及合同履行日期;(三)定标日期(注明招标文件编号);(四)本项目招标公告日期;(五)中标供应商名称、地址和中标金额;(六)评标委员会成员名单;(七)采购项目联系人姓名和电话。"

5. 发出中标通知书

公示结束后,招标人应当向中标人发出中标通知书,告知中标人中标的结果。《招标投标法》第45条规定:"中标人确定后,招标人应当向中标人发出中标通知书,并同时将中标结果通知所有未中标的投标人。"

按照《政府采购货物和服务招标投标管理办法》第62条规定,在发布中标公告的同时,招标采购单位应当向中标供应商发出中标通知书,中间没有异议期。

《招标投标法实施条例》第56条规定,中标候选人的经营、财务状况发生较大变化或者存在违法行为,招标人认为可能影响其履约能力的,应当在发出中标通知书前由原评标委员会按照招标文件规定的标准和方法审查确认。

5.1.4 中标通知书

1. 中标通知书的性质

按照合同法的规定,发出招标公告和投标邀请书是要约邀请,递交投标文件是要约,发出中标通知书是承诺。投标符合要约的所有条件:它具有缔结合同的主观目的;一旦中标,投标人将受投标书的拘束;投标书的内容具有足以使合同成立的主要条件。而招标人向中标的投标人发出的中标通知书,则是招标人同意接受中标的投标人的投标条件,即同意接受该投标人的要约的意思表示,属于承诺。因此,中标通知书的发出不但是将中标的结果告知投标人,还将直接导致合同的成立。

2. 中标通知书的法律效力

《招标投标法》第45条规定:"中标通知书对招标人和中标人具有法律效力。中标通知书发出后,招标人改变中标结果的,或者中标人放弃中标项目的,应当依法承担法律责任。"中标通知书发出后,合同在实质上已经成立,招标人改变中标结果,或者中标人放弃中标项目,都应当承担违约责任。需要注意的是,与《合同法》一般性的规定"承诺生效时合同成立"不同,中标通知书发生法律效力的时间为发出后。由于招标投标是合同的一种特殊订立方式,因此,《招标投标法》是《合同法》的特别法,按照"特别法优于普通法"的原则,中标通知书发生法律效力的规定应当按照《招标投标法》执行,即中标通知书发出后即发生法律效力。

（1）中标人放弃中标项目。

中标人一旦放弃中标项目,必将给招标人造成损失,如果没有其他中标候选人,招标人一般需要重新招标,完工或者交货期限肯定要推迟。即使有其他中标候选人,其他中标候选人的条件也往往不如原定的中标人。因为招标文件往往要求投标人提交投标保证金,如果中标人放弃中标项目,招标人可以没收投标保证金,实质是双方约定投标人以这一方式承担违约责任。如果投标保证金不足以弥补招标人的损失,招标人可以继续要求中标人赔偿损失。因为按照《合同法》的规定,约定的违约金低于造成的损失的,当事人可以请求人民法院或者仲裁机构予以增加。

（2）招标人改变中标结果

招标人改变中标结果,拒绝与中标人订立合同,也必然给中标人造成损失。中标人的损失既包括准备订立合同的支出,甚至有可能有合同履行准备的损失。因为中标通知书发出后,合同在实质上已经成立,中标人应当为合同的履行进行准备,包括准备设备、人员、材料等。但除非在招标文件中明确规定,我们不能把投标保证金同时视为招标人的违约金,即投标保证金只有单向的保证投标人不违约的作用。因此,中标人要求招标人承担赔偿损失的责任,只能按照中标人的实际损失进行计算,要求招标人赔偿。

（3）招标人的告知义务

中标人确定后,招标人不但应当向中标人发出中标通知书,还应当同时将中标结果通知所有未中标的投标人。招标人的这一告知义务是《招标投标法》要求招标人承担的。规定这一义务的目的是让招标人能够接受监督,同时,如果招标人有违法情况,损害中标人以外的其他投标人利益的,其他投标人也可以及时主张自己的权利。

《标准施工招标文件》中中标通知书、中标结果通知书、确认通知的格式见表5.1～5.3。

表 5.1　中标通知书格式

中标通知书

_____（中标人名称）：

　　你方于_____（投标日期）所递交的_____（项目名称）投标文件已被我方接受,被确定为中标人。

　　中标价：_____元。

　　工期：_____日历天。

　　工程质量:符合_____标准。

　　项目经理:_____（姓名）。

　　请你方在接到本通知书后的_____日内到_____（指定地点）与我方签订承包合同,在此之前按招标文件第二章"投标人须知"的规定向我方提交履约担保。

　　随附的澄清、说明、补正事项纪要,是本中标通知书的组成部分。

　　特此通知。

　　附:澄清、说明、补正事项纪要

招标人:_____（盖单位章）

法定代表人:_____（签字）

____年____月____日

表5.2 中标结果通知书格式

中标结果通知书

_____（未中标人名称）：

我方已接受_____（中标人名称）于_____（投标日期）所递交的_____（项目名称）投标文件，确定_____（中标人名称）为中标人。

感谢你单位对我们工作的大力支持！

招标人：_____（盖单位章）

法定代表人：_____（签字）

____年____月____日

表5.3 确认通知格式

确认通知

_____（招标人名称）：

你方于____年____月____日发出的_____（项目名称）关于_____的通知，我方已于____年____月____日收到。

特此确认。

招标人：_____（盖单位章）

____年____月____日

5.1.5 中标人的法律责任

中标人的法律责任，是指中标人在接到中标通知后对其所实施的行为应当承担的法律后果。法律责任的主体是已经与招标人签订合同的中标人。

1. 中标人的违约行为

（1）不履行。

不履行行为可分为拒绝履行和履行不能。前者是指中标人能够实际履行而故意不履行，又没有正当理由的情况；后者是指合同到了履行期而中标人不能实际履行的情况。对于因中标人主观过错原因而导致的履行的情况。对于因中标人主观过错原因而导致的履行不能，中标人仍应负法律责任。

（2）不完全履行。

不完全履行，即中标人没有完全按照合同的约定履行义务，也称不适当履行或不正确履行。不完全履行分两种情况：一是给付有缺陷，就工程项目而言，就是指中标人完成的工程项目存在质量问题；二是加害给付，就招标项目而言，是指中标人完成的招标项目不仅不符合质量要求,而且还因为该质量问题造成了他人人身、财产损害。

(3)迟延履行。

迟延履行,即中标人能够履行而不按照法定或者约定的时间履行合同义务,如中标人不能按期完成招标项目。

(4)毁约行为。

毁约行为,即中标人无任何正当理由和法律根据而单方撕毁合同。

2.中标人应承担的法律责任

(1)中标人无正当理由不与招标人订立合同,在签订合同时向招标人提出附加条件,或者不按照招标文件要求提交履约保证金的,取消其中标资格,投标保证金不予退还。对依法必须进行招标的项目的中标人,由有关行政监督部门责令改正,可以处中标项目金额1%以下的罚款。

(2)招标人和中标人不按照招标文件和中标人的投标文件订立合同,合同的主要条款与招标文件、中标人的投标文件的内容不一致,或者招标人、中标人订立背离合同实质性内容的协议的,由有关行政监督部门责令改正,可以处中标项目金额0.5%以上1%以下的罚款。

(3)中标人不履行与招标人订立的合同的,履约保证金不予退还,给招标人造成的损失超过履约保证金数额的,还应当对超过部分予以赔偿;没有提交履约保证金的,应当对招标人的损失承担赔偿责任。

中标人不按照与招标人订立的合同履行义务,情节严重的,取消其2~5年内参加依法必须进行招标的项目的投标资格并予以公告,直至由工商行政管理机关吊销营业执照。

(4)中标人将中标项目转让给他人的,将中标项目肢解后分别转让给他人的,违反本法规定将中标项目的部分主体、关键性工作分包给他人的,或者分包人再次分包的,转让、分包无效,处转让、分包项目金额0.5%以上1%以下的罚款;有违法所得的,并处没收违法所得;可以责令停业整顿;情节严重的,由工商行政管理机关吊销营业执照。

3.中标人承担法律责任的方式

(1)不予退还履约保证金。

交纳履约保证金的中标人不履行合同的,所交纳的履行保证金不予退还,不管中标人的违约行为是否给招标人造成了损害。

另外,不返还履约保证金的前提是中标人提交了履约保证金,因为履约保证金不是在任何情况下都应当提交的。根据《招标投标法》的规定,只有在招标人要求中标人提交履约保证金时,中标人才应当提交。反之,则无须提交。

(2)赔偿损失。

中标人的违约行为造成招标人损失的,中标人应当负损害赔偿的责任。根据《合同法》的规定,中标人赔偿的范围包括招标人所受的直接损失和间接损失,但不应超过当事人订立合同时预见到或应当预见到因违反合同可能造成的损失。交纳的履约保证金应当抵作损害赔偿金的一部分。履约保证金的数额超过因违约造成的损失的,中标人对于该损失就不再赔偿。相反,在履行保证金的数额低于因违约而造成损失的情况下,中标人还应当赔偿不足部分。另外,中标人的赔偿责任应当限于财产损害,而不包括精神损害。

(3)取消投标资格。

中标人不按照与招标人订立的合同履行义务,情节严重的,有关行政监督部门应当取消其二年至五年内参加依法必须招标的项目的投标资格并予以公告。所谓情节严重,是指中标人的违约行为造成的损失重大等情况。

(4)吊销营业执照。

如果取消中标人2～5内参加必须招标项目的投标资格尚不足以达到制裁目的的,工商行政管理机关应当吊销中标人的营业执照。被吊销营业执照的中标人不得再从事相关的业务。

以上法律责任的主体是已经与招标人签订合同的中标人。根据《合同法》的规定,构成本条规定的法律责任,行为人主观上无需具有过错,只要行为人实施了违约行为,就应对该违约行为负责。

4. 中标人的免责情况

根据《招标投标法》规定,中标人因不可抗力不能履行合同的,可以免除责任。所谓不可抗力是指不能预见、不能避免,并不可克服的情况。包括自然灾害和某些社会现象。前者如火山爆发、地震、台风、冰雹和洪水侵袭等;后者如战争等。由于法律责任制度的目的在于保护公民、法人的合法权益,补救其所受到的非法损害,教育和约束人们的行为,防止违法行为发生。

如果让人们对自己主观上无法预见有不能避免、不能克服的事件造成的损害承担责任,这不仅达不到法律责任的目的,而且对于承担责任的人也是不公平的。对此《合同法》也有明确的规定,因不可抗力不能履行合同的,根据不可抗力的影响,部分或者全部免除责任,但法律另有规定的除外。但是,如果不可抗力发生在债务履行迟延期间,债务人则不能以不可抗力为理由拒绝承担违反债务的民事责任。根据《合同法》规定,中标人因不可抗力不能履行合同的,应当及时通知招标人,以减轻可能给招标人造成的损失,并应当在合理期限内提供发生了不可抗力的证明。

5.1.6 推荐中标候选人

《招标投标法》第41条规定:中标人的投标应当符合下列条件之一:

(1)能够最大限度地满足招标文件中规定的各项综合评价标准。

(2)能够满足招标文件的实质性要求,并且经评审的投标价格最低;但是投标价格低于成本的除外。

《招标投标法实施条例》第54条规定,依法必须进行招标的项目,招标人应当自收到评标报告之日起3日内公示中标候选人,公示期不得少于3日。投标人或者其他利害关系人对依法必须进行招标的项目的评标结果有异议的,应当在中标候选人公示期间提出。招标人应当自收到异议之日起3日内作出答复;作出答复前,应当暂停招标投标活动。

《招标投标法实施条例》第53条规定,评标完成后,评标委员会应当向招标人提交书面评标报告和中标候选人名单。中标候选人应当不超过3个,并标明排序。如果招标项目采用综合评估法、综合评价法、综合评分法等评标方法,中标候选人的排列顺序应是,最大限度符合要求的投标人排名第一,次之的排名第二,再次的排名第三。如果招标项目采用经评审的最低投标价法、最低评标价法等评标方法,中标人的投标应能够满足招标文件的实质性要求、投标价格不低于成本、且经评审调整的投标价格最低。中标候选人的排列顺序应是,满足其他条件的前提下,价格按照由低至高选择排列前3名。

应注意,涉及建筑工程设计招标项目,采用公开招标方式的,评标委员会应当推荐 3 个中标候选方案;采用邀请招标方式的,评标委员会应当推荐 1~2 个中标候选方案。涉及房屋建筑和市政基础设施工程施工招标的项目,评标委员会应推荐不超过 3 名有排序的合格的中标候选人。

涉及机电产品国际招标项目,评标委员会应当推荐一个中标人,采用最低评标价法评标的,推荐评标价最低的投标人;采用综合评价法评标的,推荐综合排名第一的投标人。

涉及政府采购货物和服务的招标项目,中标候选供应商数量应当根据采购需要确定。采用最低评标价法的,投标报价相同时,按技术指标优劣顺序排列。如果评标委员会认为,排在前面的中标候选供应商的最低投标价或者某些分项报价明显不合理或者低于成本,有可能影响商品质量和不能诚信履约的,应当要求其在规定的期限内提供书面文件予以解释说明,并提交相关证明材料;否则,评标委员会可以取消该投标人的中标候选资格,按顺序排在后面的中标候选供应商递补,以此类推。采用综合评分法的,评审得分相同时,按投标报价由低到高顺序排列;得分且投标报价相同时,按技术指标优劣顺序排列。采用性价比法的,按商数得分由高到低顺序排列。商数得分相同的,按投标报价由低到高顺序排列。商数得分且投标报价相同的,按技术指标优劣顺序排列。

5.2　合同签订

合同签订的过程,是当事人双方互相协商并最后就各方的权利、义务达成一致意见的过程。签约是双方意志统一的体现。

签订工程承包合同的要准备的工作时间很长,实际上它是从准备招标文件开始,继而招标、投标、评标、确定中标人,直到合同谈判结束为止的一整段时间。

5.2.1　工程施工合同的概述

1.工程施工合同的概念

工程施工合同即建筑安装工程承包合同,是发包人与承包人之间为完成商定的建设工程项目,明确双方权利和义务的协议。按照施工合同,承包人应完成一定的建筑、安装工程任务,发包人则应提供必要的施工条件并支付工程价款。

工程施工合同是建设工程合同的种类之一,与其他建设工程合同一样,是一种双务合同,在订立时也应遵守公平、自愿、诚实信用等原则。

建设工程施工合同是主要的建设工程合同的合同,是工程建设质量控制、进度控制、投资控制的主要依据。通过合同关系,可以确定建设市场主体之间的相互权利义务关系,对规范建筑市场有重要作用。

根据《合同法》第 269 条规定:"建设工程合同是承包人进行工程建设,发包人支付价款的合同。建设工程合同包括工程勘察、设计、施工合同。"建设工程实行监理的,发包人也应与监理人订立委托监理合同。建设工程合同的双方当事人分别称为承包人和发包人。在合同中,承包人最主要的义务是进行工程建设,即进行工程的勘察、设计、施工等工作,发包人最主要的义务是向承包人支付相应的价款。

2. 建设工程合同的特征

（1）合同主体的严格性。

建设工程合同主体通常只能是法人。发包人一般只能是经过批准进行工程项目建设的法人，一定要有国家批准的建设项目，落实投资计划，并且应当具有相应的协调能力；承包人则必须具备法人资格，而且应当具备相应的从事勘察、设计、施工等资质，不允许资质等级低的单位越级承包建设工程。

（2）合同标的的特殊性。

建设工程合同的标的是各类建筑产品，建筑产品是不动产，其基础部分与大地相连，不能移动，这就决定了每个建设工程合同的标的特殊性。建筑物所在地就是勘察、设计、施工生产场地，施工队伍、施工机械必须围绕建筑产品不断移动。每一个建筑产品都需单独设计和施工，即使是可重复利用标准设计或重复使用图纸。也就是建筑产品是单体性生产，这也决定了建设工程合同标的的特殊性。

（3）合同履行期限的长期性。

建设工程使得合同履行期限较长（与一般工业产品的生产相比）。而且，建设工程合同的订立和履行一般都需要较长的准备时间，在合同的履行过程中，还可能因为不可抗力、工程变更、材料供应不及时等，导致合同时限顺延。综述这些情况，决定了建设工程合同的履行期限的长期性。

（4）计划和程序的严格性。

因为工程建设对国家的经济发展，公民的工作和生活都有很大的影响，所以，对建设工程的计划和程序国家都有严格的管理制度。必须以国家批准的投资计划为前提订立建设工程合同，即使是国家投资以外的、以其他方式筹集的投资也要受到当年的贷款规模和扣准限额的限制，纳入当年投资规模的平衡，并经过严格的审批程序。

（5）合同形式的特殊要求。

一般情况下，我国《合同法》对合同采用书面形式还是口头形式没有限制，即对合同形式确立了以不要式为主的原则。但考虑到建设工程的重要性和复杂性，在建设过程中时常会有影响合同履行的纠纷发生，因此，《合同法》规定，建设工程合同应当采用书面形式，这也体现了国家对建设工程合同的重视。

3. 建设工程合同的分类

（1）以承发包的工程范围进行划分。

从承发包的不同范围和数量进行划分，建设工程合同可以分为建设工程总承包合同、建设工程承包合同和分包合同。发包人把工程建设的全过程发包给一个承包人的合同即为建设工程总承包合同。发包人若将建设工程的勘察、设计、施工等的每一项分别发包给一个承包人的合同即为建设工程承包合同。通过合同约定和发包人认可，在工程承包人承包的工程中承包部分工程而订立的合同即为建设工程分包合同。

（2）以完成承包的内容进行划分。

从完成承包的内容进行划分，可以把建设工程合同分为建设工程勘察合同、建设工程设计合同和建设工程施工合同三类。

（3）以付款方式进行划分。

按付款方式进行划分，可将建设工程合同分为总价合同、单价合同、成本加酬金合同和目标合同。

4. 工程施工合同的管理

所谓工程施工合同管理,是指各级工商行政管理机构、建设行政主管机关和金融机构,及工程发包单位、监理单位、承包单位按照法律和行政法规、规章制度,采取法律的、行政的手段,对工程施工合同管理。工程施工合同具有的法律特征有:

(1)合同的主体只能是法人。

(2)合同的标的是工程施工项目。

(3)具有计划性和程序性。

5.2.2　合同签订的基本原则

1. 平等原则

合同当事人的法律地位平等,即享有民事权利和承担民事义务的资格是平等的,一方不得将自己的意志强加给另一方。市场经济中交易双方的关系实质上是一种平等的契约关系,因此,在订立合同中一方当事人的意思表示必须是完全自愿的,不能是在强迫和压力下所作出的非自愿的意思表示。因为合同是平等主体之间的法律行为,只有订立合同的当事人平等协商,才有可能订立意思表示一致的协议。

2. 自愿原则

合同当事人依法享有自愿订立合同的权利,不受任何单位和个人的非法干预。合同法中的自愿原则,是合同自由的具体体现。民事主体在民事活动中享有自主的决策权,其合法的民事权利可以抗御非正当行使的国家权力,也不受其他民事主体的非法干预。

合同法中的自愿原则有以下含义:第一,合同当事人有订立合同的自由;第二,当事人有选择合同相对人、合同内容和合同形式的自由即有权决定与谁订立合同、有权拟定或者接受合同条款、有权以书面或者口头的形式订立合同。

3. 公平原则

合同当事人应当遵循公平原则确定各方的权利和义务。在合同的订立和履行中,合同当事人应当在正当行使合同权利和履行合同义务、兼顾他人利益,使当事人的利益能够均衡。在双方合同中,一方当事人在享有权利的同时,也要承担相应义务,取得的利益要与付出的代价相适应。

4. 诚实信用原则

合同当事人在订立合同、行使权利、履行义务中,都应当遵循诚实信用原则。这是市场经济活动中形成的道德规则,它要求人们在交易活动(订立和履行合同)中讲究信用,恪守诺言,诚实不欺。在行使权利时应当充分尊重他人和社会的利益,对约定的义务要忠实地履行。

5. 合法性原则

合同当事人在订立及履行合同时,合同的形式和内容等各构成要件必须符合法律的要求,符合国家强行性法律的要求,不违背社会公共利益,不扰乱社会经济秩序。

5.2.3　合同的签订形式

《合同法》第10条规定:"当事人订立合同,有书面形式、口头形式和其他形式。法律、行政法规规定采用书面形式的,应当采用书面形式。当事人约定采用书面形式的,应当采用书面形式。"书面形式是指合同书、信件和数据电文（包括电报、电传、传真、电子数据交换和电子邮件等）等可以有形地表现所标注内容的形式。其他形式则包括公证、审批、登记等形式。

工程合同由于涉及面广、建设周期长、内容复杂、标的金额大等特点，《合同法》第 270 条规定："建设工程合同应当采用书面形式。"

5.2.4　合同的签订要求

招标人与中标人签订合同，必须按照《合同法》基本要求签订，除此之外还必须遵循《招标投标法》的有关特殊规定。

1. 订立合同的形式要求

按照《招标投标法》的规定，招标人和中标人应当自中标通知书发出之日起 30 日内，按照招标文件和中标人的投标文件订立书面合同。即，法律要求中标通知书发出后，双方应当订立书面合同。因此，通过招标投标订立的合同是要式合同。

2. 订立合同的内容要求

应当按照招标文件和中标人的投标文件确定合同内容。招标文件与投标文件应当包括合同的全部内容。所有的合同内容都应当在招标文件中有体现：一部分合同内容是确定的，不容投标人变更的，如技术要求等，否则就构成重大偏差；另一部分是要求投标人明确的，如报价。投标文件只能按照招标文件的要求编制，因此，如果出现合同应当具备的内容，招标文件没有明确，也没有要求投标文件明确，则责任应当由招标人承担。

书面合同订立后，招标人和中标人不得再行订立背离合同实质性内容的其他协议。对于建设工程施工合同，最高人民法院的司法解释规定，当事人就同一建设工程另行订立的建设工程施工合同与经过备案的中标合同实质性内容不一致的，应当以备案的中标合同作为结算工程价款的根据。

3. 订立合同的时间要求

中标通知书发出后，应当尽快订立合同。这是招标人提高采购效率、投标人降低成本的基本要求。如果订立合同的时间拖得太长，市场情况发生变化，也会使投标报价时的竞争失去意义。因此，《招标投标法》第 46 条规定："招标人和中标人应当自中标通知书发出之日起 30 日内，按照招标文件和中标人的投标文件订立书面合同。"《政府采购法》第 46 条规定："采购人与中标、成交供应商应当在中标、成交通知书发出之日起 30 日内，按照采购文件确定的事项签订政府采购合同。"《评标委员会和评标方法暂行规定》第 49 条规定："中标人确定后，招标人应当向中标人发出中标通知书，同时通知未中标人，并与中标人在 30 个工作日之内签订合同。"

4. 订立合同接受监督的要求

在合同订立过程中，招标投标监督部门仍然要进行监督。《招标投标法》第 47 条规定："依法必须进行招标的项目，招标人应当自确定中标人之日起 15 日内，向有关行政监督部门提交招标投标情况的书面报告。"

（1）书面报告的内容。

依法必须进行招标的项目，包括项目的勘察、设计、施工、监理，以及与工程建设有关的重要设备、材料等的采购等，都应当向有关招标投标行政监督部门提交招标投标情况的书面报告。目前，国家有关部门已经对施工招标、勘察设计招标、货物招标的书面报告内容作出了具体规定。

《工程建设项目施工招标投标办法》第65条规定,施工招标的书面报告至少应包括下列内容:

1)招标范围。

2)招标方式和发布招标公告的媒介。

3)招标文件中投标人须知、技术条款、评标标准和方法、合同主要条款等内容。

4)评标委员会的组成和评标报告。

5)中标结果。

《工程建设项目勘察设计招标投标办法》第47条规定,勘察设计招标的项目报告一般应包括以下内容:

1)招标项目基本情况。

2)投标人情况。

3)评标委员会成员名单。

4)开标情况。

5)评标标准和方法。

6)废标情况。

7)评标委员会推荐的经排序的中标候选人名单。

8)中标结果。

9)未确定排名第一的中标候选人为中标人的原因。

10)其他需说明的问题。

《工程建设项目货物招标投标办法》第54条规定,货物招标的书面报告至少应包括下列内容:

1)招标货物基本情况。

2)招标方式和发布招标公告或者资格预审公告的媒介。

3)招标文件中投标人须知、技术条款、评标标准和方法、合同主要条款等内容。

4)评标委员会的组成和评标报告。

5)中标结果。

(2)合同备案制度。

合同备案,是指当事人签订合同后,还要将合同提交相关的主管部门登记。有些通过招标投标订立的合同应当进行备案,这些备案要求不是合同生效的条件。如《政府采购法》第47条规定:"政府采购项目的采购合同自签订之日起7个工作日内,采购人应当将合同副本报同级政府采购监督管理部门和有关部门备案。"《房屋建筑和市政基础设施工程施工招标投标管理办法》第47条规定:"订立书面合同后7日内,中标人应当将合同送工程所在地的县级以上地方人民政府建设行政主管部门备案。"

5.按照标准文件范本订立合同的要求

招标人与中标人签订施工合同一般应按照《标准施工招标文件》范本的合同条款及格式执行,签订机电产品国际招标合同应按照《机电产品采购国际竞争性招标文件》的合同条款及格式执行。

5.2.5　合同的主要内容

一般合同应当具备的合同条款有：当事人的名称或者姓名、住所、标的、数量、质量、价款或者报酬、履行的时限、地点和方式、违约责任和解决争议的方法。工程施工合同应当具备的主要内容包括如下：

（1）承包范围。

建筑安装工程一般分为基础工程（含桩基工程）、土建工程、安装工程、装饰工程，合同应明确属于承包方的承包范围的内容，哪些内容应发包方另行发包。

（2）工程质量等级。

工程质量等级标准分为不合格、合格和优良，不合格的工程不得交付使用。承发包双方可以约定工程质量等级的优良标准，但是，应依照优质优价的原则确定合同价款。

（3）工期。

工期是指自开工日期至竣工日期的时间。承发包双方在确定工期的时候，应以国家工期定额为基础，依据承发包双方的具体情况，结合工程的具体特点，确定合理的工期。

（4）中间交工工程的开工和竣工时间。

确定中间交工工程的工期，需要和工程合同确定的总工期保持一致。

（5）合同价款。

所谓合同价款是指由承发包双方协商确定的承发包价。

（6）施工图纸的交付时间。

施工图纸的交付时间必须要满足工程施工进度的要求。

（7）材料和设备供应责任。

承发包双方需明确约定由发包方供应哪些材料和设备，以及在材料和设备供应中方面双方各自的义务和责任。

（8）付款和结算。

主要是承发包人工程进度款的支付方式，以及工程竣工后的结算的相关事宜。

（9）竣工验收。

竣工验收是工程合同的一项重要条款之一。

（10）质量保修范围和期限。

建设工程的质量保修范围和保修期限应当符合《建设工程质量管理条例》的相关规定。

（11）其他条款。

工程合同还包括隐蔽工程验收、安全施工、工程变更、工程分包、合同解除、违约责任、争议解决方式等条款，在签订合同时双方均要加以明确确定。

5.2.6　提交履约保证金

《招标投标法实施条例》第58条规定，招标文件要求中标人提交履约保证金的，中标人应当按照招标文件的要求提交。履约保证金不得超过中标合同金额的10%。

1.提交履约保证金的依据

《招标投标法》中所称履约保证金实际是履约担保的通称，是指中标人或者招标人为保证履行合同而向对方提交的资金担保。在招标投标实践中，常见的是中标人向招标人提交的履约担保。《招标投标法》第46条规定,招标文件要求中标人提交履约保证金的,中标人应当提交。

2. 提交履约保证金的目的

要求中标人提交履约保证金是招标人的一项权利,其目的是保证完全履行合同。《招标投标法》第48条规定:"中标人应当按照合同约定履行义务,完成中标项目。中标人不得向他人转让中标项目,也不得将中标项目肢解后分别向他人转让。中标人按照合同约定或者经招标人同意,可以将中标项目的部分非主体、非关键性工作分包给他人完成。接受分包的人应当具备相应的资格条件,并不得再次分包。中标人应当就分包项目向招标人负责,接受分包的人就分包项目承担连带责任。"

(1)中标人应当按照合同约定履行义务,完成中标项目。

合同当事人应当全面履行合同约定的内容,完成相关工作。通过招标投标订立的合同,比普通订立方式订立的合同更加严格、谨慎,政府监督部门有更严格的监督,当然,合同的履行也不例外,也应当严格按约定履行义务。

(2)中标人不得向他人转让中标项目。

中标人应当自行完成合同中的各项义务,不得向他人转让中标项目。因为招标人在确定中标人的过程中不是仅仅因为投标人对完成合同内容的承诺,也对投标人的信誉、人员、设备等投标人自有、不可转让的因素进行了评价,因此,中标人应当自行完成合同中的各项义务。

(3)不得将中标项目肢解后分别向他人转让。

在招标项目中,中标人对项目进行分包是正常的,但中标人对项目分包,应当按照合同约定或者经招标人同意,可以将中标项目的部分非主体、非关键性工作分包给他人完成,且接受分包的人应当具备相应的资格条件。法律禁止的是违法分包。将中标项目肢解后分别向他人转让,就是一种违法分包;将中标项目的主体、关键性工作分包给他人完成,也是一种违法分包。这些"分包",是被法律禁止的。

至于招标人向中标人提交的担保,则是由于招标人负有向中标人支付合同价款的义务,因此,招标人向中标人提交的担保一般是支付担保。

3. 提交履约保证金的形式

如前所述,我国《招标投标法》中所称履约保证金实际是履约担保的通称,其形式有多种。既可能是中标人向招标人提交的,也可能是招标人向中标人提交的。最主要的方式是履约保证,即由招标人、中标人以外的第三人保证中标人履行合同。如果是招标人向中标人保证的,一般是支付担保,常见的是保证。按照习惯,履约保证又可以分为两类:一类是银行出具的,一般称为履约保函;一类是银行以外的其他保证人出具的,一般称为履约保证书。银行以外的其他保证人往往是专业化的担保公司。履约保函又可以分为有条件保函和无条件保函。除了保证以外,中标人以支票、汇票、存款单为质押,作为履约保证金的也很常见。如果工程规模较小,中标人甚至可以以现金作为履约保证金。

《工程建设项目货物招标投标办法》第51条规定,履约保证金金额一般为中标合同价的10%以内,招标人不得擅自提高履约保证金。《工程建设项目施工招标投标办法》第62条和《工程建设项目货物招标投标办法》第51条同时规定,招标人要求中标人提供履约保证金或其他形式履约担保的,招标人应当同时向中标人提供工程款或者货物款支付担保。

履约保证金的金额、担保形式、格式由招标文件规定。联合体中标的,其履约担保由牵头人递交。

4. 不提交履约保证金的法律后果

招标文件要求中标人提交履约保证金或者其他形式履约担保的,中标人拒绝提交的,视为放弃中标项目,此时,招标人可以选择其他中标候选人作为中标人,原中标人的投标保证金不予退还,给招标人造成的损失超过投标保证金数额的,原中标人还应当对超过部分予以赔偿。《评标委员会和评标方法暂行规定》第 48 条规定,招标文件规定排名第一的中标候选人应当提交履约保证金而在规定的期限内未能提交的,招标人可以确定排名第二的中标候选人为中标人。《工程建设项目施工招标投标办法》第 62 条规定:"招标文件要求中标人提交履约保证金或者其他形式履约担保的,中标人应当提交;拒绝提交的,视为放弃中标项目。"

《工程建设项目施工招标投标办法》第 85 条和《工程建设项目货物招标投标办法》第 59 条均规定:"招标人不履行与中标人订立的合同的,应当双倍返还中标人的履约保证金;给中标人造成的损失超过返还的履约保证金的,还应当对超过部分予以赔偿;没有提交履约保证金的,应当对中标人的损失承担赔偿责任。"

5.3   施工索赔管理

索赔是在合同履行过程中,当事人一方就对方不履行或未完全履行合同的义务,或者是因为对方的原因而造成的经济损失,向对方提出赔偿或补偿要求的行为。工程索赔一般是指在工程合同履行过程中,合同当事人一方因非自身责任或对方未履行或没有能正确履行合同而遭受经济损失或权利损害时,通过相应的合法程序向对方提出经济或时间补偿的要求。索赔是一项正当的权利要求,它是发包人、工程师和承包人之间一项正常的、经常发生且普遍存在的合同管理业务,是一种以法律和合同为依据的、合情合理的行为。工程索赔可能发生在各类建设工程合同的履行过程中,但在施工合同中出现的较多,所以通常所说的索赔一般都是施工索赔。

5.3.1   索赔的特征

(1)索赔是双向的,不仅承包人可以向发包人索赔,发包人同样也可以向承包人要求索赔。在实际中发包人向承包人索赔发生的频率相对较低,而且在索赔处理中,发包人始终处于主动和有利的地位,他能够直接从应付工程款中扣抵或是没收履约保函、扣留保留金甚至扣留承包商的材料设备作为抵押等来实现自己的索赔要求,不存在"索"。因此在工程实践中,经常发生的、处理起来比较困难的是承包人向发包人的索赔,这也是索赔管理的主要对象和重点内容。承包人的索赔范围非常广泛,一般来说只要因非承包人自身责任造成工程工期延长或成本增加的,都有向发包人提出索赔的可能。

(2)只有某一方实际发生了经济损失或权利损害,才能向对方索赔。经济损失是指出现了合同以外的额外支出,如人工费、材料费、机械费、管理费等额外开支;权利损害是指虽然没有经济上的损失,但导致了某一方权利上的损害,例如因为恶劣气候条件对工程进度的不利影响,承包人有权要求延长工期等。所以,某一方提出索赔的一个基本前提条件应是发生了实际的经济损失或权利损害。

(3)索赔是一种没有经对方确认的单方行为,它与工程签证不同。在施工过程中签证是承发包双方就额外费用补偿或工期延长等达成一致的书面证明材料和补充协议,它可以直接作为工程款结算或最终增减工程造价的依据;而索赔则是单方面行为,对对方并未形成约束力,这种索赔要求最终能否得到实现,必须要通过双方协商、谈判、调解或仲裁、诉讼后才能实现。

归纳起来,索赔具有如下一些本质特征:

(1)索赔是要求给予补偿(赔偿)的一种权利、主张。

(2)索赔的依据是法律法规、合同文件及工程建设惯例,其中主要是合同文件。

(3)索赔是因非自身原因导致的,要求索赔方没有过错。

(4)与原合同相比较,已经发生了额外的经济损失或工期损害。

(5)索赔必须有切实有效的证据。

(6)索赔是单方行为,双方还未达成协议。

5.3.2　索赔的分类

因为索赔可能发生的范围比较广泛,贯穿于工程项目全过程,其分类随着标准或方法的不同而不同,主要包括以下几种分类方法。

1. 按索赔有关当事人分类

(1)承包人与发包人间的索赔。

这一类的索赔大多是与工程量计算、变更、工期、质量和价格方面有关的争议,也有中断或终止合同等其他违约行为的索赔。

(2)总承包人与分包人间的索赔。

其内容大致与第(1)项相似,但大多数是分包人向总承包人索要付款或赔偿以及总承包人对分包人罚款或扣留支付款等。

以上两类涉及工程项目建设过程中施工条件或施工技术、施工范围等变化引起的索赔,一般发生频率高,索赔费用高,有时也称为施工索赔。

(3)发包人或承包人与供货人、运输人间的索赔。

其内容大多是商贸方面的争议,如货品质量不符合技术要求、数量短缺、交货拖延、运输损坏等。

(4)发包人或承包人与保险人间的索赔。

此类索赔多是被保险人受到灾害、事故或其他伤害或损失,按保险单向其投保的保险人索赔。

以上两种是在工程项目实施过程中的物资采购、运输、保管、工程保险等方面活动引起的索赔事项,又称商务索赔。

2. 按索赔依据分类

(1)合同内索赔。

合同内索赔是指所涉及可以在合同文件中找到依据的索赔内容,并可依照合同规定明确划分责任。通常情况下,合同内索赔的处理和解决会比较顺利一些。

(2)合同外索赔。

合同外索赔是指索赔所涉及的内容和权利难以在合同文件中找到依据,但可从合同条文引申含义以及合同适用法律或政府颁发的相关法规中找到索赔的依据。

（3）道义索赔。

道义索赔是指承包人在合同内、外都找不到可以索赔的依据,因而没有提出索赔的条件和理由,但承包人认为自己有要求补偿的道义基础,而对其受到的损失提出具有优惠性质的补偿要求,即道义索赔。道义索赔的主动权在发包人手中,发包人可能会同意并接受这种索赔,一般在下面四种情况下:

1）若另找其他承包人,费用会更大。

2）为了树立自己的形象。

3）出于对承包人的同情与信任。

4）谋求与承包人的相互理解或更长久的合作。

3. 按索赔要求分类

（1）工期索赔。

工期索赔就是因为非承包人自身原因造成拖期的预定的竣工日期,防止违约误期罚款等,要求延长合同工期。

（2）费用索赔。

费用索赔就是指要求发包人补偿费用损失,调整合同价格,弥补经济损失,要求追加费用,提高合同价格。

4. 按索赔事件性质分类

（1）工程延期索赔。

承包人因发包人没有按照合同要求提供施工条件,如没有及时交付设计图纸、提供施工现场、道路等,或因发包人指令工程暂停或是不可抗力事件等原因造成工期拖延提出的索赔。

（2）工程变更索赔。

因为发包人或工程师的指令增加或减少工程量或者增加附加工程、设计变更、修改施工顺序等,导致工期延长和费用增加,承包人对此提出索赔。

（3）工程终止索赔。

由于发包人违约或出现了不可抗力事件等使得工程非正常终止,承包人因遭受经济损失而提出的索赔。

（4）工程加速索赔。

因为发包人或工程师指令承包人加速施工、缩短工期,导致承包人的人、财、物的额外花销而提出的索赔。

（5）意外风险和不可预见因素索赔。

在工程实施过程中,由于人力不可抗拒的自然灾害、特殊风险,以及对于一个有经验的承包人一般不能合理预见的不利施工条件或客观障碍,如地下水、地质断层、溶洞、地下障碍物等导致的索赔。

（6）其他索赔。

例如因货币贬值、汇率变化,物价工资上涨、政策法令变化等原因引起的索赔。

这种分类可以明确指出每一项索赔所在的根源,便于发包人和工程师审核分析。

5. 按索赔处理方式分类

（1）单项索赔。

所谓单项索赔就是指采取一事一索赔的方式。

（2）综合索赔。

综合索赔也称一揽子索赔，就是把整个工程（或某项工程）中所发生的数起索赔事项综合在一起进行索赔。

5.3.3　索赔处理程序

施工索赔工作一般包括下述 7 个步骤：索赔意向通知、索赔证据的准备、索赔报告的编写、索赔报告的报送、索赔报告的评审、索赔事件的解决、索赔仲裁或诉讼。

1.索赔意向通知

索赔意向通知是一种维护自身索赔权利的文件。在工程实施过程中，承包人发现索赔或意识到存在潜在的索赔机会后，首先要做的事，就是要在合同规定的时间内用书面形式将自己的索赔意向及时通知业主或工程师，也就是向业主或工程师就某一个或某些个索赔事件表示索赔愿望、要求或声明保留索赔的权利。

提出索赔意向是索赔工作程序中的第一步，其关键是要抓住索赔机会，及时提出索赔意向。索赔意向通知，通常仅仅是向业主或者是工程师表明索赔意向，所以应当简明扼要。一般只要说明以下几点内容：索赔事件发生的时间、地点、事件的简要情况和发展动态，索赔所参照的合同条款和主要理由，索赔事件对工程成本和工期造成的不利影响。

FIDIC 合同条件及我国建设工程施工合同条件规定：承包人应在索赔事件发生后的28 d内，将其索赔意向以正式函件通知工程师。如果承包人没有在合同规定的期限内提出索赔意向或通知，承包人则会丧失在索赔中的主动权和有利地位，业主和工程师也有权拒绝承包人的索赔要求，这是索赔成立的有效的、必备的条件之一。因此，在实际工作中，承包人应防止由于未能遵守索赔时限的规定而导致合理的索赔要求无效。在实际的工程承包合同中，对索赔意向提出的时间限制并不相同，只要双方经过协商达成统一并写入合同条款即可。

2.索赔证据的准备

索赔证据是当事人用来支持其索赔成立或与索赔相关的证明文件和资料。索赔证据作为索赔文件的组成部分，从很大程度上关系到索赔是否成功。证据不全、不足或没有证据，索赔是很难取得成功的。

在承包商正式报送索赔报告前，要使索赔证据资料尽可能地完整齐备，以免影响索赔事件的解决；计算的索赔金额要准确无误，符合合同条款的规定，具有说服力；力求文字清晰，简单扼要，要重事实、讲理由，语言婉转且富有逻辑性。

（1）索赔证据的要求。

1）真实性。索赔证据必须是确实存在和发生在实施合同过程中，必须完全反映实际情况，可以经得住推敲。

2）全面性。所提供的证据要能够说明事件的全过程。索赔报告中涉及的索赔理由、事件过程、影响、索赔额等都应有相应证据，不能零乱和支离破碎。

3）关联件。索赔的证据应当具有关联性，能够互相说明，不能互相矛盾。

4）及时性。索赔证据的取得和提出应当及时。

5）具有法律证明效力。通常要求证据必须是书面文件，有关记录、协议、纪要必须要是双方签署的；工程中的重大事件以及特殊情况的记录、统计必须由工程师签证认可。

（2）索赔证据的种类。

1）招投标文件。主要包括招标文件、工程合同及附件、业主认同的投标报价文件、技术规范、施工组织设计等。招标文件是承包商报价的依据，是计算工程成本的基础资料，也是索赔时计算附加成本的依据。投标文件是承包商编标报价的成果资料，列出了施工所需的设备、材料数量和价格，也是索赔的基本依据。

2）工程图纸。工程师和业主签发的各种图纸，包括设计图、施工图、竣工图及其相应的各个修改图，应注意对比检查和妥善保存，设计变更一类的索赔，原设计图和修改图的差异是索赔最有力的证据。

3）施工日志。应指定有关人员现场记录施工中发生的各种情况，包括天气、出工人数、设备数量及其使用情况、进度、质量情况、安全情况、工程师在现场有哪些指示、做了什么实验、是否存在特殊干扰施工的情况、遇到了什么不利的现场条件、多少人员到现场参观了等。这种现场记录和日志利于及时发现和正确分析索赔，是索赔的重要证明材料。

4）来往信件。与工程师、业主和有关政府部门、银行、保险公司的来往信函必须认真保存起来，并注明发送和收到的具体时间。

5）气象资料。在分析进度安排和施工条件时，天气是要考虑的重要因素之一。所以，要保持一份如实完整、详细的天气情况记录，包括气温、风力、温度、降雨量、暴雨雪、冰雹等。

6）备忘录。应随时用书面记录承包商对工程师和业主的口头指示和电话通知指示，并请签字给予书面确认。这些都是事件发生和持续过程的重要情况记录。

7）会议纪要。承包商、业主和工程师举行会议时要做好详细记录，对其主要问题形成会议纪要，并由参与会议各方签字确认。

8）工程照片和工程音像资料。这些资料都是体现工程客观情况的真实写照，也是法律承认的有效证据，应该拍摄有关资料并妥善保存。

9）工程进度计划。由承包商编制的经工程师或业主批准同意的所有工程总进度、年进度、季进度、月进度计划都必须妥善保管，任何与延期有关的索赔、工程进度计划都是十分重要的证据。

10）工程核算资料。工人劳动计时卡和工资单，设备、材料和零配件采购单，付款收据，工程开支月报，工程成本分析资料，会计报表，财务报表，货币汇率，物价指数，收付款票据都应按分类装订成册，这些都是进行索赔费用计算的基础资料。

此外，还包含工程供电供水资料以及国家、省、市对工程造价、工期有影响的相关文件和规定等。

3. 索赔报告的编写

索赔报告是承包商向工程师（或业主）提交的要求业主给予一定的经济（费用）补偿或工期延长的正式报告。

索赔报告书的质量和水平，密切的关系到索赔成败。对于重大的索赔事项，有必要聘请合同专家或技术权威人士担任咨询，并邀请有背景的资深人士参加活动，有利于保证索赔成功。

索赔报告的具体内容随索赔事项的性质和特点的不同各有不同，大致组成包括 4 个部分。

（1）总述部分。

概要论述引起索赔事件发生的日期和过程；承包商为该事件付出的努力和额外开支；承包商的详细索赔要求。

（2）论证部分。

索赔报告的关键部分，其目的是为了说明自己有索赔权和索赔的理由，这是索赔成立与否的关键。立论的基础是合同文件并参照所在国法律。要善于在合同条款、技术规程、工程量表、往来函件中找出索赔的法律依据，使索赔要求在合同、法律的基础上建立。如有具体的类似情况索赔成功的事例，无论发生在工程所在国还是其他国际工程项目，都可作为例证提出。

合同论证部分在写法上要根据引发索赔的事件发生、发展、处理的过程叙述，使业主了解事件的始末及承包商在处理该事件上做出的努力、付出的代价。论述时应指出所引证资料的名称及编号，以便于查阅。应客观地描述事实，避免用抱怨、夸张，甚至刺激、指责的用词，以免使读者感到反感、怀疑。

（3）索赔款项（或工期）计算部分。

如果论证部分的任务是解决索赔权能否成立的问题，那么款项计算则是为解决能得到多少补偿的问题。前者定性，后者定量。

在写法上先给出计价结果（索赔总金额），然后再分条逐一论述各部分的计算过程，引证的资料应有编号、名称。计算时切记不要用笼统的计价方法和不实的开支款项，不要给人一种漫天要价的印象。

（4）证据部分。

要注意每个引用的证据的效力和可信程度，重要的证据资料最好附以文字说明，或附以确认文件。例如，对一个重要的电话记录或对方的口头命令，仅附上承包商自己的记录是不够有说服力的，最好附以经过对方签字的记录，或附上当时发给对方要求确认该电话记录或口头命令的函件，即使对方没有回复函确认或修改，也说明责任在对方，根据惯例应理解为其已默认。

4. 索赔报告的报送

索赔报告编写完成后，应在导致索赔的事件发生后的 28 d 内尽快提交给工程师（或业主），以正式提出索赔。提交索赔报告后，承包商不能被动等待，应隔一定的时间，主动向对方了解索赔处理的情况，依照对方所提出的问题进一步做资料方面的准备，或者是提供补充资料，为工程师处理索赔尽量多的提供帮助、支持和合作。

如果干扰事件对工程的影响持续时间长，承包人则应按照工程师要求的合理间隔（一般为 28 d）提交中间索赔报告，并在干扰事件影响结束后的 28 d 内提交一份最终索赔报告。如果承包人没有能按照时间规定提交索赔报告，那他就失去了请求补偿该项事件的索赔权利，此时他所遭受损害的补偿，将不超过工程师认为应主动给予的补偿额，或把该事件损害提交仲裁解决时，仲裁机构根据合同和同期记录可以证明的损害补偿额。

索赔的关键问题在于"索"，如果承包商不积极主动去"索"，那么业主没有任何义务去"赔"。因此，提交索赔报告虽然是"索"，但这仅仅是刚刚开始，要让业主"赔"，承包商还有许多更艰难的工作要做。

5. 索赔报告的评审

工程师接到承包商的索赔报告后，应该立刻仔细阅读其报告，对不合理的索赔进行反驳或提出疑问。工程师依照业主的委托或授权，对承包人索赔的审核工作主要分为判定索赔事件是否成立以及核查承包人的索赔计算是否正确、合理两个方面，并能够在业主授权的范围

内做出自己独立的判断,例如:

(1)索赔事件不是业主和工程师的责任,而是属于第三方的责任。

(2)事实和合同的依据不足。

(3)承包商没能遵守索赔意向通知的要求。

(4)合同中的开脱责任条款已经免掉了业主补偿的责任。

(5)索赔是由不可抗力造成的,承包商没有划分和证明双方责任的大小。

(6)承包商没有采取合适的措施避免或减少损失。

(7)承包商必须给出进一步的证据。

(8)损失计算夸大。

(9)承包商曾经已经明示或暗示放弃了此次索赔的要求。

工程师提出这些意见和主张时应当有充分的依据和理由。评审过程中,承包商应对工程师提出的各种质疑做出圆满的解答。

我国建设工程施工合同条件规定,工程师收到承包人送交的索赔报告和相关资料后应在28 d内给予答复,或是要求承包人进一步补充索赔理由和证据。如果工程师在28 d内既没有给予答复也没有对承包人做进一步要求,则视为承包人提出的该项索赔要求已被认可。

6. 索赔谈判与调解

通过工程师对索赔报告的评审,与承包商进行了比较充分的讨论后,工程师应提出初步对索赔处理决定的意见,并参加业主和承包商进行的索赔谈判,通过谈判,做出索赔的最后决定。一般情况下,工程师的处理决定并不是终局性的,对业主和承包人都不具备强制性的约束力。

在双方直接谈判未能取得一致解决意见时,为争取通过友好协商的方式解决索赔争议,可以邀请中间人进行调解。有些调解是非正式的,也有些调解是正式的,如在双方同意的基础上共同委托专门的调解人来调解,调解人可以是当地的工程师协会或承包商协会等机构。这种调解要举办一些听证会和调查研究,而后提出调解方案,如果双方同意则可达成协议并经双方签字和解。

7. 索赔仲裁与诉讼

如果承包人同意接受最终的处理决定,则索赔事件的处理即告结束。若承包人不同意,则可按照合同约定,将索赔争议提交仲裁或诉讼,使索赔问题取得最终解决。在仲裁或诉讼过程中,工程师作为工程整个过程的参与者和管理者,可以作为见证人提供证据,做答辩。

工程项目实施过程中会发生各种各样、大大小小的索赔、争议等问题,应该强调:合同各方应该争取努力在最早的时间、最低的层次,尽最大可能以友好协商的方式解决索赔问题,轻易不要提交仲裁或诉讼。因为对工程争议的仲裁或诉讼往往是非常复杂的,要消耗大量的人力、物力、财力,对工程建设也会带来不好的影响,有时甚至是严重的后果。

5.3.4　索赔策略

索赔工作不仅有科学严谨的一面,又有艺术灵活的一面。对于一个确定的索赔事件常常没有预定的、确定的解释,它往往受双方签订的合同文件、各自的工程管理水平和索赔能力,以及处理问题的公正性、合理性等因素的限制。因此索赔成功不仅需要令人信服的法律依据、充足的理由和正确的计算方法,采用的索赔的策略、技巧和艺术也相当重要。

1. 索赔应是贯穿工程始终的工作

缺乏承包工程经验的承包商,因对索赔缺乏足够认识,经常在开始时并不重视,直到发现未能得到应得到的偿付时才匆忙研究索赔问题,不是因索赔期限已过,就是因平时积累资料不够、仓促上阵、汇集的证据不具有说服力,导致索赔难以成功。因此,应在执行合同之初也就是成立索赔和合同管理小组,并置于项目经理的直接领导和管理之下,在工程执行的整个过程中做大量的经常性的工作。

(1)在投标、议标和签订合同阶段,应当非常仔细地研究合同条件。不仅要研究通用条款,更应注意研究特殊条款,特别是与合同范围、义务、付款、工程变更、违约及罚款、索赔时限和争议解决等有关的条款,在正式合同形成的过程中的一切要约和反要约或争论等,都应当得出经双方确认的一致结论并写进合同补充中,在合同条件方面的任何口头承诺都是没有法律效力的。承包方的声明和要求,尤其是那些重要的额外要求,在未得到业主方正式书面确认前就开始施工,可能被误认为是承包方自动放弃了自己的声明和要求,最多也只能是将其看做某种权利的单方性保留而已。承包商应充分的认识到这一点。

(2)及时索赔。在每月申报工程进度款的同时,应一起申报额外费用补偿要求,即使没有被批准而从进度款中被剔除,也应再次以书面形式申述理由并保留今后索赔的权利。对于一时还不能提出全面和正确计算数据的索赔事项,也应当说清某项工程内容将引发额外费用,会在适当时提出详细计算资料供工程师审核。

(3)积累所有可能涉及索赔论证的资料,是合同和索赔管理小组的重要任务。对于同工程师、业主共同研究技术问题、进度问题和其他重要问题的会议,应做好文字记录,并争取与会者签字作为正式文档资料。即使未能得到各方签字,也应当编号、标明时间和发送单位,作为正式会议纪要发给与会者及单位,并应有收件人的签收手续。

(4)建立严密的施工记录、记工卡片、工程日进度记录、每日(分小时)的气象记录、工程进展的照片、工程验收的记录、返工修改的记录,材料入库、化验、使用的记录、实验报告,以及往来函件编号、归档的记录制度,还应有相应的财务会计和成本核算记载,物资采购单证等,这些都是计算索赔金额和必要的索赔论证的资料。

(5)工程技术、施工管理、物资供应、财务会计人员之间建立密切联系制度,常常一起研究索赔和额外费用补偿等问题。各部门草拟的与索赔或承诺责任有关的对外信函,应在发出前进行审核、会签,便于保证信函在内容上前后协调一致。

(6)工程如果分包,应当在分包合同中注明主包合同条款对分包商的约束力,尤其是与违约罚款和各种责任有关的条款,并要求他们提供相应的各类保函和保险单。对于分包商的索赔要求应认真分析,属于业主原因引起的损失,要加上总包商自己的管理费用和附加额外花费后报送工程师,申请赔偿或索取额外补偿;对于指定分包商违约导致的各项损失或工期延误,应及时报告工程师研究处理,承包商有权因指定分包商违约导致的延误要求延长工期,甚至有权利拒绝接受该指定的分包商。

(7)应加强与法律顾问及律师的联系。不要只是在发生纠葛时才找律师请教,而是应经常同他们探讨和审定合同和重要信件、文稿,以保证一切重要文件在法律上的正确性,做到无懈可击。

(8)应注意索赔提出的期限问题,以及正确掌握提出索赔的时机。有的索赔,如工程暂停、意外风险损失等,在合同条件中有时间规定,应严格遵守。还有一些索赔,如工程的修改变动、自然条件的变化等,条款中虽未提到索赔的时间限制,但有的合同条款明确规定"应尽快通知业主及其现场工程师",特别是那些需要在现场调查和估算价格的索赔,只有及时通知现场工程师和业主才有可能获得确认。如果承包商总担心影响与工程师和业主的关系,故意将索赔拖到工程结束后才正式提出,极有可能事与愿违。

(9)索赔要一事一议,争取尽早尽快地将容易解决的索赔问题在现场解决,既保全了工程师的"面子",同时承包商又得到合理补偿的变通妥协方案,更容易使双方所接受。

2. 编写索赔文件的策略

(1)内容要以事实为基础,符合实际,不虚构扩大,让审阅者看后的第一印象是觉得合情合理,不会马上拒绝。

(2)论据坚实充分,有说服力。

(3)计费准确、计算无误,不该计入的费用决不列入。没有给人一种弄虚作假、漫天要价的感觉,而是严肃认真的印象。

(4)内容充实、条理清晰,有逻辑性。

3. 索赔人员的选择

(1)索赔问题涉及的层面很广泛,索赔人员应当具备合同与法律、商务、工程技术等多方面知识,此外还应有一定的外语水平和工程承包的实际经验,其个人品格也非常重要,仅靠"扯皮吵架"或"硬磨软缠"就可搞定索赔的想法是不正确的。索赔人员应当头脑冷静、思维敏捷、办事公正,性格刚毅而且有耐心,坚持以理服人。

(2)承包商在安排索赔人员时,经常从那些具有现场工程监理经验的人员中选聘,或者委托专门从事工程索赔的咨询公司作为其索赔代理人。

(3)索赔谈判小组宜精干且强有力,包括合同专家、法律顾问,以及工程项目的技术人员,他们必须熟悉工程状况、合同的主要条款和索赔文件的详细内容。

(4)谈判组长的作用关系重大,他的知识和经验会直接影响到谈判的成果,有相当的权威和责任。但在通常情况下,谈判组长往往不是、也没必要由最终决策者(承包商经理)担任。因为如果一开始就让最终决策者出面谈判,他的承诺就都要兑现,没有回旋余地,但是对方并非决策者,可用"请示上级"进行周旋,使承包方处于不利境地。当然,在事务性索赔谈判基本达成一致意见后,或遇到关键问题需领导决策时,应该由双方的决策者出面确认和签字。

4. 索赔谈判中的策略

(1)应严格依照合同条款的规定进行争议,不将自己观点强加于人。措辞应婉转,说理应透彻,以理服人,而不是得理不让人,尽量避免采用抗议式提法,既能够正确表达自己的索赔要求,又不伤双方的和气感情,以达到索赔的良好效果。

(2)坚持原则,但又有灵活性,留有余地。

(3)谈判前准备充分,对要达到的目标做到心中有数。

(4)认真听取并善于合理采纳对方意见,在坚持原则的情况下找到双方都能够接受的妥协方案。

(5)要有足够耐心,不预先退出会谈,不率先宣布谈判破裂。

(6)会上谈判与会下加强公关活动相结合。除了进行书信往来和谈判桌上的交涉外,有些时候还要发挥索赔人员的公关能力,采用合法的手段和方式,营造适合解决索赔争议的良好环境和氛围,促使早日圆满解决索赔问题。

(7)在索赔谈判和处理时应按照情况做出必要的让步,扔"芝麻"抱"西瓜",有失才有得。可以放弃金额小的小项索赔,坚持大项索赔。这样容易使对方做出让步,达到索赔的最终目的。

5.3.5　费用索赔

1.费用索赔的定义

费用索赔是承包商按照合同条款的规定,向业主索取他应该获得的合同价以外的费用。承包商依照合同条款的有关规定从甲方那里得到的这项费用,既不是他的意外收入,也不是业主支付的不必要的钱,而是在合同中规定的因签订合同时还无法确定的,应由业主承担的某些风险因素造成的结果。承包商投标时的报价中不含有业主承担的风险对报价的影响,所以,一旦这类风险发生并对承包商的工程成本有影响时,承包商提出费用索赔的行为属于一种正常现象。

2.费用索赔的原则

费用索赔是整个施工阶段索赔的重点和最终目标。工期索赔在很大程度上也是为了费用索赔,所以费用索赔的计算是十分重要的,必须按照下列原则进行:

(1)赔偿实际损失的原则。

实际损失包括直接损失和间接损失,直接损失:如成本的增加和实际费用的超支等。间接损失:如可能获得的利益的减少,如业主拖欠工程款,使得承包商失去了利息收入等。

(2)合同原则。

一般是指要符合合同规定的索赔条件和范围、符合合同规定的计算方法及以合同报价为计算基础等。

(3)符合通常的会计核算原则。

将计算成本或报价与实际工程成本或花费作出对比得到索赔费用。

(4)符合工程惯例。

费用索赔的计算一定要采用符合人们习惯的、合理的、科学的计算方法,易于让业主、工程师、调解人、仲裁人接受。

5.3.6　工程师在索赔管理中的原则

工程师既受雇于业主进行工程管理,在原则上同时又作为第三者,不属于施工合同任意一方。工程师在行使合同赋予的权力,进行索赔管理工作中主要应遵循下列几个原则:

(1)尽量将争执在合同签订之前或合同实施之前解决。在合同签订之前就要对干扰事件及合同中的漏洞有充分预测和分析,减少工作中失误,减少索赔事件的发生。

(2)公平合理地行使权力,不偏袒任何一方做出决定、下达指令、决定价格、调解争议,站在公平的立场上行事。因为业主和承包商之间目的和经济利益不一致,所以工程师应考虑到双方利益,调整双方的经济关系。

(3)工程师在处理和解决索赔事件时(如提出解决方案、决定价格等),必须与业主、承包商充分地协商,考虑双方的要求,两方面做工作,使之尽早达成一致,这也是减少争执的有效途径。

（4）处理索赔事件时，必须以合同和相应的法律为基础，根据事实，完整地、正确地理解合同，严格地执行合同。只有工程师严格依照合同办事，才能促使业主和承包商履行合同，才能使工程顺利进行。

（5）及时、迅速地处理问题。工程师在行使自身权利、处理索赔事务、解决争执时必须迅速行事，在合同规定的时限内，或在一般认为合理的时间内履行自己的职责，不然不但会给承包商提供新的索赔机会，还不能保证及时、公正、合理地解决索赔，使问题积累起来，引发混乱。

6 国际工程招标与投标

6.1 国际工程招标

6.1.1 国际工程招标方式

国际工程施工的委托方式主要采用招标和投标两种方式,选出理想的承包商。国际工程招标方式可归纳为四种情况:即国际竞争性招标(也称国际公开招标)、国际有限招标、两阶段招标和议标(也称邀请协商)。

1.国际竞争性招标

所谓国际竞争性招标是指在国际范围内,采用公平竞争方式,定标时按事先规定的原则,对所有具备要求资格的投标商一视同仁,依照其投标报价及所有的评标依据进行评标、定标。使用这种方式可以最大限度地挑起竞争,形成买方市场,让招标人有最充分的挑选余地,获得最有利的成交条件。

国际竞争性招标的适用范围如下所述。

(1)按照资金来源划分。

依照工程项目的全部或部分资金来源,实行国际竞争性招标主要包括以下情况。

1)由世界银行及其附属组织国际开发协会及国际金融公司提供优惠贷款的工程项目。

2)由联合国多边援助机构和国际开发组织地区性金融机构(例如亚洲开发银行)提供援助性贷款的工程项目。

3)由一些国家的基金会和某些政府提供资助的工程项目。

4)由国际财团或多家金融机构投资的工程项目。

5)由两个国家或两个国家以上合资的工程项目。

6)需要承包商提供资金也就是带资承包或延期付款的工程项目。

7)以实物偿付,如石油、矿产或其他实物的工程项目。

8)发包国拥有足够的自有资金但自己无力实施的工程项目。

(2)按照工程性质划分。

根据工程的性质,国际竞争性招标主要适用于下列几种情况。

1)大型土木工程,如水坝、电站和高速公路等。

2)施工难度大、发包国在技术或人力方面都没有实施能力的工程,如工业综合设施、海底工程等。

3)跨越国境的国际工程,如连接欧亚两大洲的陆上贸易通道。

4)特别巨大的现代工程,如英法海峡过海隧道。

2.国际有限招标

国际有限招标是一种有限竞争招标。与国际竞争性招标相比,它有其局限性,即对投标人选有一定的限制,不是任何对发包项目感兴趣的承包商都有资格投标。国际有限招标方式包括两种。

（1）一般限制性招标。

一般限制性招标虽然也是在世界范围内进行,但对投标人选有一定的限制。其具体做法与国际竞争性招标很相似,只是更强调投标人的资信。采用一般限制性招标方式也应该在国内外主要报刊上刊登广告,只是必须注明是有限招标以及对投标人选的限制范围。

（2）特邀招标。

特邀招标即特别邀请性招标。采用这种方式时,通常不在报刊上刊登广告,而是依照招标人自己积累的经验和资料或经咨询公司提供的承包商名单,由招标人在征得世界银行或是其他项目资助机构的同意后向某些承包商发出邀请,通过对应邀人进行的资格预审后,再行通知其提出报价,递交投标书。这种招标方式的优点是经过选择的投标商都是在经验、技术和信誉方面比较可靠的,基本上能保证招标的质量和进度。但这种方式也有其缺点,因为发包人所了解的承包商的数目有限,在邀请时很可能漏掉某些在技术上和报价上有竞争力的承包商。

国际有限招标是国际竞争性招标的一种修改方式。这种方式一般适用于下列情况。

1）工程量小,投标商数目有限或考虑其他不宜采用国际竞争性招标的正当原因,例如对工程有特殊要求等。

2）某些专业性很强且大而复杂的工程项目,如石油化工项目。可能的投标者很少,准备招标的成本很高。为了节省时间同时也能节省费用,还能取得较好的报价,招标可以限制在少数几家合格企业的范围内,便于每家企业都有争取合同的较有利机会。

3）由于工程性质特殊,要求有专业经验的技术队伍和熟练的技工以及专门的技术设备,仅有少数承包商可以胜任。

4）工程规模过大,中小型公司不能够胜任,只好邀请若干家大公司投标。

5）工程项目招标通知发出后无人投标,或投标商数目不足 3 家的,招标人可再邀请少数公司参与投标。

6）因为工期紧迫,或者是因为保密要求或是由于其他原因不宜公开招标的工程。

3.两阶段招标

实质上,两阶段招标是国际竞争性招标和国际有限招标相结合的方式。第一阶段按公开招标方式招标,经过开标和评标后,再邀请其中报价较低的或较合格的 3、4 家投标人进行第二次投标报价。

两阶段招标通常适用于下列情况:

（1）招标工程的内容属高新技术,需在第一阶段招标中博采众议,进行评价,选出最新最佳设计方案,然后在第二阶段中邀请选中方案的投标人进行详细的报价。

（2）在某些新型的大型项目承包以前,招标人对该项目的建造方案尚未最终确定,这时可以在第一阶段招标中向投标人提出要求,针对其最擅长的建造方案进行报价,或者根据其建造方案报价。经过评价,选出其中最优方案的投标人,再进行第二阶段的依照其具体方案的详细报价。

（3）一次招标不成功的,即所有报价高出标底 20% 以上,只好在现有基础上邀请若干家报价较低者再次报价。

4. 议标

议标又称为邀请协商。就其本意而言,议标乃是一种非竞争性招标。严格来说,这不算一种招标方式,只算是一种"谈判合同"。起初,议标的习惯做法是由发包人直接与物色的一家承包商进行合同淡判。只是在某些工程项目的造价过低,不值得组织招标,或因为其专业技术被一家或几家垄断,或因为工期紧迫不宜采用竞争性招标,或者招标内容是与专业咨询、设计和指导性服务或属保密工程有关,或属于政府协议工程等情况,才采用议标方式。

随着承发包活动的广泛发展,议标的含义和做法也在不断发展和变化。目前,在国际承包实践中,已不再仅仅是发包单位同一家承包商议标,而是同时与多家承包商进行谈判,最后无任何约束地把合同授予其中一家,无须优先授予报价最优惠者。

议标给承包商带来的好处较多,首先,承包商不用出具投标保函,也无须在一定的时间内对其报价负责;其次,议标的竞争对手少,竞争性小,因而缔约的可能性较大。同时议标对于发包单位也有好处:发包单位不受任何约束,可以根据其要求选择合作对象,特别是发包单位同时与多家议标时,能够充分利用议标的承包商的弱点,利用其担心被对手抢标、成交心切的心理,以此压彼,迫使其降价报价或降低其他要求,从而达到理想的成交目的。

采用议标方式,发包单位同样应采取运用各种特殊手段,各种可能的措施,挑起多家可能实施合同项目的承包商之间的竞争。当然,这种竞争并不像其他招标方式那样是必不可少的或是完全依照竞争规则进行。

议标一般是在以下情况下采用:

(1)以特殊名义,如执行政府协议签订承包合同。

(2)依照临时签约且在业主监督下执行的合同。

(3)因为技术的需要或重大投资原因仅能委托给特定的承包商或制造商实施的合同。

(4)属于研究、试验或实验以及有待完善的项目承包合同。

(5)项目已付诸招标,但不存在中标者或没有理想的承包商。这种情况下,业主通过议标,另行委托承包商实施工程。

(6)出于紧急情况或急迫需求的项目。

(7)保密工程。

(8)属于国防需要的工程。

(9)已经为业主实施过项目,且已取得业主满意的承包商重新承担基本技术相同的工程项目。

适用于议标方式的合同基本如上面所列出的,但这并不意味着其他招标方式不适用于上述项目。

6.1.2　国际工程招标程序

国际上已基本形成了相对固定的招标投标程序,可以划分为三大步骤:

(1)对投标者的资格预审。

(2)投标者获得招标文件和递交投标文件。

(3)开标、评标、合同谈判和签订合同。

三大步骤依次连接起来就是整个投标的全过程。简要的招标过程如图 6.1 所示。

从图 6.1 可以看出,国际工程招投标程序与国内工程招标投标程序无多大区别。因为国际工程涉及的主体多,所以招标投标各阶段的具体工作内容有所不同。

采用该程序能大大降低招标费用,并能保证所有投标者得到公平同等的机会,使他们依据合理的条件提交投标书。本程序体现的是良好的现行惯例,适用于大多数国际工程项目,但因为项目的规模和复杂程度不同,以及有时业主或金融机构确定的程序提出了某些限制性的特殊条件,所以,可对本程序作出修改,以满足某些相应的具体要求。

经验证明,国际招标项目进行资格预审是很有必要,因为它能使业主和工程师提前确定随后被邀请参与投标的投标者的能力。资格预审同样对承包商有利,因为若通过了资格预审,就意味着知道了竞争对手。

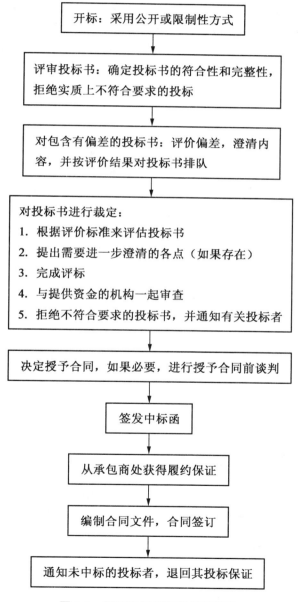

图6.1　国际工程招标程序流程图

6.1.3　资格预审

对于某些大型或复杂的项目,招标的首个重要步骤就是对投标者进行资格预审。业主发布工程招标资格预审公告以后,对该工程感兴趣的承包商会购买资格预审文件,并按照规定填写内容,在要求日期内报送业主;业主在对送交资格预审文件的所有承包商进行认真审核后,通知业主认为有能力实施本工程项目的那些承包商前来购买招标文件。

1. 资格预审的目的

业主资格预审目的是为了了解投标者过去履行类似合同的情况,人员、设备、施工或制造设施方面的能力,财务状况,便于确定有资格的投标者,淘汰不合格的投标者,减少评标的工作时间和评审费用;招标具有一定的竞争性,为不合格的投标者节省购买招标文件、现场考察及投标等费用;有些工程项目还规定本国承包商参加投标能够享受优惠条件,这有助于确定一些承包商是否具有享受优惠条件的资格。

2. 资格预审程序

资格预审一般遵循下述的程序。

(1)编制资格预审文件。

由业主委托咨询公司或设计单位编制,或由业主直接组织相关专业人员编制。资格预审文件的主要内容包括:工程项目简介、对投标者的要求及各种附表等。

首先要成立资格预审文件工作小组,人员由业主、招标机构、财务管理专家、工程技术人员等组成。在编写资格预审文件时内容要齐全,要规定语言,明确资格预审文件的份数,标明"正本"和"副本"

(2)发布资格预审公告。

邀请有意参加工程投标的承包商申请资格审查。资格预审公告的内容包括:业主和工程师的名称;工程所在地理位置、概况和合同包含的工作范围;资金来源;资格预审文件发售的情况(日期、时间、地点和价格);预期的计划(授予合同的日期、竣工日期及其他关键日期);颁发招标文件和提交投标文件的计划日期;申请资格预审须知;提交资格预审文件的地点及截止日期、时间,最低资格要求及准备投标者可能关心的其他问题等。

资格预审公告通常应在颁发招标文件的计划日期前 10 ~ 15 周发布,填写完成的资格预审文件应在这项计划日期之前的 4 ~ 8 周提交。自发布资格预审通知到报送资格预审文件的截止日期的时间间隔多于 4 周。

(3)发售资格预审文件。

资格预审文件的发售要在指定的时间、地点。

(4)资格预审文件答疑。

在资格预审文件发售后,购买文件的投标者针对资格预审文件提出相关疑问,投标者应将疑问以书面形式(包括电传、信件等)提交给业主;业主应以书面形式回答,并通知全部购买资格预审文件的投标者。

(5)报送资格预审文件。

投标者应在规定的截止日期前报送资格预审文件,报送的文件截止日期之后不得修改文件。

(6)澄清资格预审文件。

业主可以要求澄清资格预审文件的疑点。

（7）评审资格预审文件。

成立资格预审评审委员会,对资格预审文件进行评审。

（8）向投标者通知评审结果。

业主以书面形式向将评审结果通知所有参加资格预审的投标者,在规定的时间、地点向通过资格预审的投标者发售招标文件。

3. 资格预审文件的内容

资格预审文件的主要包括以下五个方面内容。

（1）工程项目总体概况。

工程项目总体概况包括:工程内容介绍、资金来源、工程项目的当地自然条件、工程合同的类型。

（2）简要合同规定。

1）投标者的合格条件。某些工程项目所在国家规定禁止与世界上某国进行任何来往时,则该国公司不能参与投标。

2）进口材料和设备的关税。投标者应核实项目所在国的海关对进口材料及设备的法律规定、关税交纳的细节。

3）当地材料和劳务。投标者应了解工程所在国对当地材料价格及劳务使用的相关规定。

4）投标保证金和履约保证金。业主应规定投标者提交投标保证金和履约保证金的币种、数量、形式、种类。

5）支付外汇的限制。业主应明确向投标者支付外汇的比例限制和外汇兑换率,在执行合同期间不得改变外汇兑换率。

6）优惠条件。业主应明确本国投标者优惠条件。世界银行"采购指南"中明确规定给予贷款国国内投标者优惠待遇。

7）联营体的资格预审。联营体的资格预审的条件是:资格预审的申请可以单独提交,也可以联合提交,预审申请可以单独提出或以合伙人名义提出,确定责任方和合伙人所占股份的百分比,每一方都必须递交本企业预审的文件;说明申请人投标后,投标书及合同对全体合伙人具有法律约束;同时提交联营体协议,说明各自承担的业务与工程;资格预审申请包括相关联营体各方拟承担的工程及业务分担;联营体一切变化都要在投标截止日前得到业主书面批准,后组建的联营体,如果经过业主判定联营体的资格低于规定的最低标准,将不予批准。

8）仲裁条款。在资格预审文件中写明仲裁机构名称。

（3）资格预审文件说明。

业主将按照投标者提供的资格预审申请文件来判断投标者的财务状况、施工经验与过去履约情况、人员情况、施工设备等,通过判断来进行综合评价,业主应制定合适的评价标准。

（4）投标者填写的表格。

业主要求投标者填写的表格包括:资格预审申请表、管理人员表、施工方法说明、设备和机具表、财务状况报表、最近 5 年完成的合同表、联营体意向声明、银行信用证、宣誓表等。

（5）工程主要图纸。

工程主要图纸一般包括工程总体布置图、建筑物主要剖面图等。

4. 资格预审文件的评审

由评审委员会实施资格预审文件的评审。评审委员会由招标机构负责组织,参加的人员包括:业主代表,招标机构,上级领导单位,融资部门,设计咨询等单位的人员,还应包括财务、经济、技术专家。资格预审应按照标准一般采用打分的办法进行。

首先整理资格预审文件,看其是否满足资格预审文件要求。检查资格预审文件的完整性,审查投标者的财务能力、人员情况、设备情况及合同履行的情况是否满足要求。采用评分法进行资格预审,按标准逐项打分。评审实行淘汰制,对于满足填报资格预审文件要求的投标者,通常情况下可考虑依据财务状况、施工经验、过去履约情况和人员、设备等四个方面进行评审打分,每个方面都规定好满分标准和最低分数线。只有达到以下条件的投标者才能获得投标资格:每个方面的得分高于最低分数线;四个方面得分之和不低于及格分(及格分60分,满分为100分)。

最低合格分数线的制定应按照参加资格预审的投标者的数量来决定。若投标者的数量比较多,则适当提高最低合格分数线,以便于淘汰更多的投标者,仅给予获得较高分数的投标者以投标资格。

6.1.4　编制招标文件

招标文件是提供给投标者的投标依据,招标文件应向投标者介绍项目相关内容的实施要求,包括项目的基本情况、工期要求、工程及设备的质量要求,以及工程实施业主方如何进行管理项目的投资、质量和工期。

招标文件仍是签订合同的基础,尽管业主方可能在招标过程中会对招标文件的内容和要求提出补充和修改意见,在投标和谈判中,承包商也会对招标文件提出修改要求,但招标文件是业主对工程项目的要求,根据它签订的合同则是在整个项目实施中最重要的文件。由此可见编制招标文件对业主来讲非常重要。对承包商而言,招标文件是业主工程项目的蓝图,掌握招标文件的内容是成功投标、实施项目的关键。工程师受业主委托编制招标文件要体现业主对项目的技术经济要求,体现业主对项目实施管理的要求,将来据之签订的合同将详细而具体地规定工程师的职责权限。

1. 编写招标文件的基本要求

世界银行贷款项目、土建工程的招标文件的内容,已经逐步纳入标准化、规范化的轨道,根据《世界银行采购指南》的要求,招标文件应当满足以下要求:

(1)能为投标人提供一切必要的资料数据。

(2)招标文件的详细程度应随工程项目大小的不同而不同。比如国际竞争性招标和国内竞争性招标的招标文件在格式上均有区别。

(3)招标文件应包括:投标邀请函、投标人须知、投标书格式、合同格式、合同条款(包括通用条款和专用条款)、技术规范、图纸和工程量清单,以及必要的附件(如各种保证金的格式)。

(4)使用世界银行发布的标准招标文件,在我国贷款项目强制使用世行标准,财政部编写的招标文件范本,也可作必要的修改,在招标资料表和项目的专用条款中作出改动,标准条款不能改动。

2.招标文件的基本内容

国际和国内竞争性招标所用的招标文件,虽有差异,但是都包括如下文件和格式。

(1)投标邀请函。

重复招标公告的内容,使投标人依照所提供的基本资料来决定是否要参加投标。

(2)投标人须知。

提供编制具有响应性的投标所需的信息以及介绍评标程序。

(3)投标资料表。

投标资料表包含使投标人更适用投标的详细信息。

(4)通用合同条款。

确立适用土建工程合同的标准合同条件,即 FIDIC(国际咨询工程师联合会英文缩写)合同条件。

(5)专用合同条款。

专用合同条款又分为 A 和 B 两部分,A 部分为"标准专用合同条款",B 部分为"项目专用合同条款"。"标准专用合同条款"对通用合同条款中的相应条款予以修改、增删,便于适用于中国的具体情况。"项目专用合同条款"和"投标书附录"对通用合同条款和标准专用合同条款中的相应条款加以修改、补充或给出数据,适用合同的具体情况。

(6)技术规范。

技术规范对工程给予确切的定义与要求,确立投标人应满足的技术标准。

(7)投标函格式。

投标函格式指明投标人中标后应承担的合同责任。

(8)投标保证金格式。

投标保证金格式是使投标有效的金融担保拟定的格式。

(9)工程量清单。

工程量清单指明工程项目的种类细目和数量。

(10)合同协议书格式。

合同协议书格式是业主与承包商双方签署的法律性标准化格式文件。

(11)履约保证金格式。

履约保证金格式是使合同有效的金融担保拟定格式,由中标的投标人提交。

(12)预付款银行保函格式。

使中标人得到预付款的金融担保拟定的格式,由中标人提交。预付款银行保函的目的是为了在承包商违约时对业主的损失进行补偿。

(13)图纸。

业主提供给投标人编制投标书所需的图纸、计算书、技术资料及信息。

(14)世界银行贷款项目采购提供货物、工程和服务的合格性。

列出所有世界银行贷款项目采购不合格的供应商和承包商的国家名单。

3.招标文件的相关人员及主体

建筑师、工程师、工料测量师属于国际工程的专业人员,业主、承包商、分包商、供货商是国际工程的法人主体。

建筑师、工程师均指不同领域和阶段负责咨询或设计的专业公司的专业人员,例如在英国,建筑师负责建筑设计,而工程师则负责土木工程的结构设计。各国均有严格的建筑师、工程师的资格认证及注册制度,作为专业人员必须经过相应专业协会的资格认证,而相关公司或事务所必须在政府有关部门注册。咨询工程师通常简称为工程师,指的是为业主提供有偿技术服务的独立的专业工程师,其服务内容可以涉及各自擅长的不同专业。工料测量师是英国、英联邦国家,以及香港地区对工程经济管理人员的称谓,在美国称其为造价工程师或是成本咨询工程师,在日本则称其为建筑测量师。

所谓分包商是指那些直接与承包商签订合同,分担一部分承包商与业主签订合同中的任务的公司。分包商不直接由业主和工程师管理,业主和工程师对分包商的工作有要求时,一般通过承包商来处理。指定分包商是指业主方在招标文件中或在开工后指定的分包商,指定分包商仍应与承包商签订分包合同。广义上来说,分包商还包括供货商与设计分包商。供货商是指为工程实施提供工程设备、材料和建筑机械的公司和个人。通常供货商不参与工程的施工,但是有一些设备供货商由于所提供设备的安装要求比较高,往往既承担供货,又承担安装和调试工作,比如电梯、大型发电机组等。供货商既可以直接与业主签订供货合同,也可以直接与承包商或分包商签订供货合同。

4. 招标文件的编制

"工程项目采购标准招标文件"共包括下列内容:投标邀请书、投标者须知、招标资料表、通用合同条件、专用合同条件、技术规范、投标书格式、投标书附录、投标保函格式、工程量清单、协议书格式、履约保证格式、预付款银行保函格式、图纸、说明性注解、资格后审、争端解决程序等。以下以世界银行工程项目采购标准招标文件的框架和内容为主线,对工程项目采购招标文件的编制进行详细的介绍。

(1)投标邀请书。

投标邀请书中的内容包括:通知投标人资格预审合格,准予参加该工程项目的投标;购买招标文件的地址和费用;应当依据招标文件规定的格式和金额递交的投标保函;开标前会议的时间、地点,递交投标书的时间、地点,以及开标的时间和地点;要求以书面形式确认收到此函,若不参加投标也希望能通知业主方;投标邀请书不属于合同文件的组成部分。

(2)投标人须知。

投标人须知的作用是具体的制定投标规则,给投标人提供应当了解的投标程序,使其能提交响应性的投标。这里介绍的标准条款不可改动;必须改动时,只能在投标资料表中进行。投标人须知的主要内容包括:工程范围、工期要求、资金来源、投标商的资格(必须经过资格预审合格)以及货物原产地的要求、利益冲突的规定、对提交工作方法和进度计划的要求、招标文件和投标文件的澄清程序、投标语言、投标报价和货币的规定、备选方案、修改和替换以及撤销投标的规定、标书格式和投标保证金的要求、评标的标准和程序、国内优惠规定、投标截止日期和标书有效期及延长、现场考察、奸标的时间和地点等、反欺诈反腐败条款、专家审议委员会或小组的规定。

(3)招标资料表。

招标资料表由业主方在发售招标文件之前,应对投标人须知中的有关各条进行编写,为投标人提供详细具体的资料、数据、要求。投标人须知的文字和规定不允许被修改,业主方只能在招标资料表中对其进行补充。招标资料表内容与投标者须知不一致的以招标资料表为准。

（4）合同通用条件。

范本的合同通用条件（GCC）为国际咨询工程师联合会（FIDIC）所出版的合同通用条件，FIDIC 合同条款根据国际通用的合同准则编写，为业主和承包商双方的关系奠定标准的法律基础。FIDIC 合同条款版权受保护，不得复印、传真或复制。可以从 FIDIC 购买招标文件中的通用合同条件，购买费计入招标文件售价。或者指明用 FIDIC 的合同条款，由投标人直接向 FIDIC 购买。FIDIC 条款的特点是：逻辑严密，条款脉络清楚，风险分担合理，无模棱两可的文字。FIDIC 条款具有单价合同特点，以图纸、技术规范、工程量清单为招标条件，突出了工程师的作用，由独立的第三方进行项目监理。

（5）合同的专用条件。

专用合同条件是指针对具体工程项目，业主方对通用合同条件进行详细补充，以使合同条件更加具体适用。在世界银行工程项目采购的标准招标文件中，将专用合同条件中列出的各种条件分成两类三个层次。

（6）技术规范。

相当于我国的施工技术规范的内容，由咨询工程师按照国家的范本和国际上通用的规范并结合具体工程项目的自然、地理条件和使用要求来拟定，因此也可以说它体现了设计意图和施工要求，更加具体化，针对性更强。按照设计要求，技术规范应对工程每一个部位和工种的材料和施工工艺提出明确的要求。技术规范中应对计量要求做出明确规定，以减免在实施阶段计算工程量与支付时的争议。

（7）投标书格式、投标书附录和投标保函。

投标书格式、投标书附录和投标保函这三个文件是投标阶段的重要组成文件，投标书附录不仅是投标者在投标时要首先要认真阅读的文件，而且是对合同实施有约束和指导作用，因而应仔细研究和填写。

投标书格式把投标人中标后总的责任汇总到一起，相当于国内投标书的投标函。投标函开头部分注有"合同名称"、"致：（业主名称）"的空格内填入对应的内容。投标人应填写此函并将其加入到投标文件中。根据投标函格式填写的投标函和业主的书面中标通知书，在签订正式合同协议书之前，组成了约束双方的合同。"投标书"不等于投标者的全部投标报价资料，把"投标书"认为是正式合同文件之一，而投标者的投标报价资料，除合同协议书中列明者外，都不属于合同文件，

投标书附录对合同条款的作用与投标资料表对投标人须知的有相同作用。由于投标书附录是为了修改，补充通用合同条件和专用合同条件，使其适用于具体的合同，投标书附录应对应通用合同条件和专用合同条件。范本中的投标书附录列出了部分共同的问题，具体的合同可能还要增加一些不同的条款在投标书附录中，如果专用合同条件的某一条不适用，则应在投标书附录的相应条款中标明"不适用"。投标人应在投标书附录的每一页上都签字确认。外汇需求表、调价用的权重系数与基期指数等表格放在投标书附录后，属于投标书的组成部分，由投标人填写。投标人还需填写"分包商一览表"，其中包括分包项目名称，分包项目估算金额，分包商名称、地址以及该分包商施工过的同类工程的介绍。

投标保函的有效期通常应比投标有效期长 28 d，招标机构在发出招标文件前应填入日期。投标人应依照规定的格式提供。

（8）工程量清单。

工程量清单提供工程数量资料，使编写的投标书可以有效、准确，便于评标。在合同实施期间，标价的工程量清单是支付的基础，用工程量清单中所报的单价与当月完成的工程量相乘计算支付额。工程清单一般由前言、工程细目、计日工表和汇总表四部分组成。

前言一般说明以下问题：

1）应把工程量表与投标人须知、合同条件、技术规范、图纸等资料综合起来阅读。

2）工程量表中的工程量是通过估算得到的，只能作为投标报价时的依据，付款的依据是实际完成的工程量和签订合同时工程量表中最后确定的费率。

3）除合同另行规定外，工程量表中提供的单价必须包括全部施工设备、劳力、管理、燃料、材料、运输、安装、维修、保险、利润、税收以及风险费等。

4）每一项项目内容，投标人均应填入单价或价格；若漏填，则认为此项目的单价或价格已被包含在其他项目之中。

5）不必在工程量表中重复强调规范和图纸上有关工程和材料的说明。在计算工程量表中每个项目的价格时，应参考合同文件对项目的描述。

6）按照业主选定的工程测量标准计量已完工程数量，或者是以工程量表规定的计量方法为准。

7）暂定金额是业主方的备用金，根据合同条件的规定支付。

8）计量单位使用通用的计量单位和缩写词（除非在业主所属的国家有强制性的标准）。

所谓工程细目是指编制工程量表应注意：将不同等级要求的工程区分开；把同性质、不属于同部分的工作区分开；把情况不同、进行不同报价的项目区分开。划分"项目"编制工程量表要做到简单、概括，使项目既具有高度的概括性、条目简明，又不漏项。工程量表一种是以作业内容进行列表，称作业顺序工程量表；另一种是以工种内容进行列表，称为工种工程量表。

计日工表是指不可预见的出现工程量清单以外的工作，不能在工程量清单中明确给出工程量，合同中就要包含合理的计日工表。计日工表包括：计日工劳务、材料和施工机械的单价表；投标人填报的以计日工劳务、材料和设备的合计为基础的某一百分比的承包商应获取的利润管理费。工程量清单中还可以开列一项价格"暂定金额"，代表价格上涨时的不可预见费，防止在预算批准后，要求追加补批。由指定分包商施工的工程或供应的特殊货物的估算费用应在工程量清单中列出并附上简要说明。该暂定金额项目业主另外招标，选择专业公司作为主承包商的指定分包商。主承包商要为指定分包商的施工提供方便，为了使主承包商提供的管理参与竞争，每一项工程量清单中的暂定金额都应在实际开支的暂定金额的基础上增加一个百分率。

第一类计日工表是劳务计日工表。劳务计日工费用包括两部分：劳务的基本费率，承包商依照基本费率的某一百分比得到的利润、管理费、劳务监管费、保险费以及各项杂费等费用。

第二类是材料计日工表。材料计日工费用包括两部分：材料的基本费是发票价格加运费、保险费、装卸费、损耗费等；根据某一百分比得到利润、管理费等费用。对以计日工支付的工地内运送材料费用项目，按劳务与施工设备的汁日工表支付。

第三类是施工设备计日工表。施工设备计日工费由设备的折旧费、利息、保险、维修及燃料等消耗品及管理费、利润等费用构成,但机械驾驶员及其助手应依照劳务计日工表中的费率计价。施工设备根据现场实际工时数支付。以上各费要用当地货币报价,但也可按照票据的实际情况用多种货币支付。

汇总表是工程量清单的一个单独的表格,不但列有各表结转的合计金额,还列有计日工合计、工程量方面的不可预见费用和价格不可预见费的暂定金额。

(9)合同协议书格式、履约保函格式和预付款银行保函格式。

在投标时投标人不填写招标文件中提供的合同协议书格式、履约保证金格式和预付款银行保函格式,中标的投标人才要求填写提交。多数国家规定,投标书与中标通知书就构成合同,有些国家要求双方签订合同协议书,例如世界银行贷款合同,经过合同双方签署后生效。

履约保证是承包商向业主提出的一种经济担保,保证认真履行合同,一般有两种形式,即银行保函也称履约保函,以及履约担保。世界银行贷款项目一般规定,履约保函金额是合同总价的10%,履约担保金额则应高于合同总价的30%。保函或担保中的"保证金额"由保证人依照投标书附录中规定的合同价百分数折成金额填写。美洲习惯采用履约担保,欧洲通常采用银行保函。只有世界银行贷款项目两种保证形式均可以,亚洲开发银行则规定只能用银行保函,在编制国际工程的招标文件时应注意,有两种形式的银行履约保函:一种是无条件银行保函;另一种是有条件银行保函。对于无条件银行保函来说,银行见票即付,不需业主提供任何证据,承包商不允许要求银行拒付。有条件银行保函即在银行支付之前,业主有理由指出承包商违约,业主和工程师拿出证据,提供损失计算数值,银行、业主都不愿承担这种保函。履约担保是经过担保公司、保险公司或信托公司开出的保函。承包商违约,业主要求承担责任前,必须证实承包商违约。担保公司可以采取下列措施之一,按照原来的要求完成合同:可以另外再选承包商与业主另行签订合同完成此工程,增加的费用由担保公司承担,不超过规定的担保金额;也可按照业主要求支付给业主款额,款额不会超过规定的担保金额。

(10)图纸。

图纸是组成招标文件和合同的重要部分,是投标人拟定施工方案、选用施工机械、提出备选方案、计算投标报价的资料。业主方通常应向投标人提供图纸的电子版。招标文件应该提供尺寸合适的图纸,补充和修改的图纸要经工程师签字后正式下达,才能作为施工及结算的根据。在国际招标项目中,图纸有时较为简单,可以减少承包商索赔机会,利用承包商的经验,让承包商设计施工详图。当然这样做要认真检查图纸,防止造价增加。

由业主方提供的,图纸中所包括的地质钻孔、水文、气象资料属于参考资料。投标人应对资料做出正确的分析判断,业主和工程师对投标人的分析不负责任,投标人要留意潜在的风险。

6.2　国际工程投标

6.2.1　确定投标项目

1.收集项目信息

可以通过下列几种途径收集项目信息。

(1)国际金融机构的出版物。凡是利用世界银行、亚洲开发银行等国际性金融机构贷款的项目,都要在世界银行的《商业发展论坛报》、亚洲开发银行的《项目机会》上发表。

(2)公开发行的国际性刊物。如《中东经济文摘》、《非洲经济发展月刊》上刊登的招标邀请公告。

(3)借助公共关系尽早获取信息。

(4)通过驻外使馆、驻外机构、外经贸部、公司驻外机构、国外驻我国机构获取信息。

(5)通过国际信息网络获取信息。

2. 跟踪招标信息

国际工程承包商从工程项目的信息中,选择适合本企业的项目进行跟踪,首先初步决定是否准备投标,其次再对项目进行进一步调查研究。跟踪项目或初步确定投标项目的过程是一项重要的经营决策过程。

6.2.2　国际工程投标准备

1. 在工程所在的国家登记注册

国际上部分国家允许外国公司参加该国的建设工程的投标活动,但必须是在该国注册登记,取得该国的营业执照。一种注册是先投标,经评标取得工程合同后才允许该公司注册;另一种是外国的公司想要参加该国投标,必须先注册登记,在取得该国法人地位后,正式投标。公司注册一般通过当地律师协助办理,承包商提供公司章程、所属国家颁发的营业证书、原注册地、日期、董事会在该国建立的分支机构的决议、对分支机构负责人的授权证书。

2. 雇用当地代理人

进入该国市场开拓业务,由代理人协调当地事务。有些国家有明确的法律规定,任何外国公司必须指定当地代理人,才可以参加所在国建设项目的投标承包。80%的国际工程承包业务都是通过代理人和中介机构完成的,他们的活动对承包商、业主,促进当地建设经济发展有利。可以由代理人为外国公司承办注册、投标等。代理人选定后,双方应签订正式代理协议,支付给代理人佣金。代理佣金通常是依照项目合同金额的一定比例确定,如果协议需要上报政府机构登记备案,则合同中的佣金比例不应高出当地政府的限额和当地习惯。佣金一般为合同总价的2%~3%。大型项目比例会适当降低,小型项目适当的提高,但通常不宜超过5%。代理投标业务时,佣金支付一般在中标后。

3. 选择合作伙伴

有些国家要求外国承包商在本地参与投标时,要尽量与本地承包商合作,承包商最好是先从以前合作过的公司中选择两三家公司进行询价,可以采用联营体合作,也可在中标前后选择分包。

投标前选择分包商,应签订排他性意向书或协议,分包商还应向总包商提交其承担部分的投标保函,一旦总包商中标,分包合同也就自动成立。但事先并没有总包、分包关系,只要求分包商对报价有效期作出承诺,不签订任何的互相限制的文件,总包商保留中标以后任意选择分包商的权利,分包商也有权调整其报价。中标后可以将利润相对丰厚的部分工程留给自己施工,有意地将价格较低或技术不擅长的部分工程分包给其他的分包商进行施工,向分包商转嫁风险。在某些工程项目的招标文件中,有时规定业主或工程师可以指定分包商,或在业主指定的分包商名单中要求承包商选择分包商。指定分包商向总包商承担义务责任,防止总承包商受损害。

为了在激烈的竞争中获胜选择联营体合作伙伴,一些公司相互联合组成临时性的、长期性的联合组织,便于发挥企业的特长,增强竞争能力。联营体一般可分为两类:一类是分担施工型,另一类是联合施工型。分担施工型是合伙人各自分担一部分作业,并根据各自的责任实施项目。可以按照设计,设备采购和安装调试、土建施工划分,也可依照工程项目或设备分,即把土建工程分为多个部分,由各家分别独立施工,设备也可按照情况分别采购、安装调试,有时这种形式也被称为联合集团。可由联营体特定的领导者来处理一般的变更和修改,在项目合同中要明确规定这个特定的领导者必须具有代理全体合伙人的权限,方便与和业主合作。联合施工型联营体的合伙者不分担作业,而是共同制定参加项目的内容及分担的权利、义务、利润和损失。所以,合伙人所关心的是整个项目的利润或损失及以此为基础的正确决算。也可以采用合伙人代表会议方式,通过推选一位领导者负责,这种方式的领导者职责、权限更具有权威性。

4. 成立投标小组

投标小组的领导由经验丰富、有组织协调能力、善于分析形势和有决策能力的人员担任,要有熟悉各专业施工技术和现场组织管理的工程师,同时也要有熟悉工程量核算和价格编制的工程估算师。除此之外,还要有精通投标文件文字的人员,最好是工程技术人员和估价师能使用该语言工作,还需要有一位专职翻译,以保证投标文件的质量。

6.2.3 编制投标文件

在确定报价后,就可以编制正式的投标文件。投标文件又称为标书或是标函,应按照业主招标文件规定的格式和要求进行编制。

1. 投标书的填写

投标书的内容与格式由业主拟定,通常包括正文与附件两部分。承包商投标时应将业主发给的投标书及其附录中的空白填写清楚,并与其他投标文件一同寄给业主。投标中标后,标书就成为合同文件的一个重要组成部分。

有些投标书中还可以提出承包商的建议,以此得到业主的欢迎,例如可以说明用什么材料代用可以降低造价但又不降低标准;修改某部分设计,则可降低造价等。

2. 复核标价和填写

调整标书标价以后,要反复认真审核标价,确定无误后才能开始填写投标书等投标文件。填写时要用黑色签字笔,不允许用圆珠笔,然后翻译、打字、签章、复制。除了投标书外,填写内容还应包括招标文件规定的项目,如施工进度计划、施工机械设备清单及开办费等。有的工程项目还要求把主要分部分项工程报价分析表填写在内。

3. 投标文件的汇总装订

投标书编制完毕后,要进行整理和汇总。国外对标书的要求是内容完整、纸张一致、字迹清楚、美观大方,汇总后就可以装订,整理时一定不要漏装。不完整的投标书,会造成投标无效。

4. 内部标书的编制

内部标书是指投标人为确定报价所需各种资料的汇总,其目的是当做报价人今后投标报价的依据,也是在工程中标后向工程项目施工相关人员交底的依据。内部标书的编制不需要再重新计算,而是整理已经报价的成果资料。其一般包括的内容如下:

(1)编制说明。

主要叙述工程概况、编制依据、工资、材料、机械设备价格的计算原则；人民币与规定外币的比值；采用定额和费用标准的计算原则；劳动力、主要材料设备、施工机械的来源；贷款额及利率；盈亏测算结果等。

(2)内部标价总表。

标价总表分为按照工程项目划分的标价总表和单独列项计算的标价总表两种。按工程项目划分的标价总表，应分别列出工程项目的名称及标价；单独列项的标价总表，应单独列表，如开办费中的施工用水、用电及临时设施等。

(3)计算人工、材料设备和施工机械价格。

这部分应加以整理，分别列出计算依据和公式。

(4)分部分项工程单价计算。

这一部分的整理要仔细，并可建立汇总表。

(5)开办费、施工管理费和利润计算。

要求应分别列项加以整理，其中计算利润率的依据等均应详细标明。

(6)内部盈亏计算。

按照标价分析作出盈亏与风险分析，经分别计算后得出高、中、低三档报价，供决策者选择。

通过以上工作，国际施工项目投标的主要工作业基本已经完成，之后便是投送标书、参加开标、接受评标，在获得中标通知书后进行合同谈判，最终签订承包合同。

7　招标投标相关法律法规

7.1　招标投标法

招标投标法是国家用来规范招标投标活动、调整在招标投标过程中产生的各种关系的法律规范的总称。依据法律效力的不同,招标投标法律规范分为三个层次:

(1)由全国人大及其常委会颁发的招标投标法律。

(2)由国务院颁发的招标投标行政法规,以及有立法权的地方人大颁发的地方性招标投标法规。

(3)由国务院有关部门颁发的有关招标投标的部门规章,以及有立法权的地方人民政府颁发的地方性招标投标规章。

《中华人民共和国招标投标法》(由第九届全国人大常委会第十一次会议于1999年8月30日通过,自2000年1月1日起施行)是社会主义市场法律体系中非常重要的一部法律,是整个招标投标领域的基本法,一切有关招标投标的法规、规章和规范性文件都必须与《招标投标法》保持一致。

《招标投标法》共六章,六十八条。第一章为总则,规定了《招标投标法》的立法宗旨、适用范围、强制招标的范围、招标投标活动中应遵循的基本原则,以及对招标投标活动的监督;第二章至第四章按照招标投标活动的具体程序和步骤,规定了招标、投标、开标、评标和中标各阶段的行为规则;第五章规定了违反上述规则应承担的法律责任,上述几章构成了该法的实体内容;第六章为附则,规定了该法的例外适用情况以及生效日期。

7.1.1　立法目的

立法目的是一部法律的核心,法律的各项具体规定都是围绕立法目的展开的,因此,一部法律都必须开宗明义地明确立法目的。《招标投标法》第1条规定:为了规范招标投标活动,保护国家利益,社会公共和招标投标活动当事人的合法权益,提高经济效益,保证项目质量,制定本法。由此,《招标投标法》的立法目的包括三方面含义:

1. 规范招标投标活动

随着我国社会经济不断发展,招标投标领域不断拓宽,招标采购日益成为社会经济中一种最主要的采购方式。但是,招标投标活动中也存在一些比较突出的问题,例如招标投标制度不统一、程序不规范;不少项目单位不愿意招标或一者想方设法规避招标,甚至搞虚假招标;招标投标中存在较为严重的不正当交易和腐败现象,吃回扣、钱权交易等违法犯罪行为时有发生;政企不分,对招标投标活动的行政干预过多;行政监督体制不顺,职责不清;有些地方保护主义和部门保护主义仍较严重等,因此,依法规范招标投标活动,维护市场竞争秩序,促进招标投标市场健康发展,是《招标投标法》立法的主要目的。

2. 提高经济效益,保证项目质量

我国社会主义市场经济的基本特点,是要充分发挥竞争机制作用、使市场主体在平等条件下公平竞争,优胜劣汰,从而实现资源的优化配置。招标投标是市场竞争的一种重要方式,其最大优点就是能够充分地体现"公开、公平、公正"的市场竞争原则,通过招标采购,让众多的投标人进行公平竞争,以最低或较低的价格获得最优的货物、工程或服务,从而达到提高经济效益、提高国有资金的使用效率的目的。由于招标的特点是公开、公平和公正,将采购活动置于透明的环境之中,有效地防止了腐败行为的发生,也使工程、设备等采购项目的质量能得到保证。通过立法把招标投标确立为一种法律制度在全国推广,促进完善市场经济体制,也是《招标投标法》的重要立法目的之一。为此,《招标投标法》在招标投标的当事人、程序、规则等方面作了全面、系统的规定,形成了较严密的制度体系。

3. 保护国家、社会及个人的合法权益

无论是规范招标投标活动,还是提高经济效益,保证项目质量,最终目的都是为了保护国家利益、社会公共利益,保护招标投标活动当事人的合法权益。因为只有在招标投标活动得以规范,经济效益得以提高,项目质量得以保证的条件下,国家利益、社会公共利益和当事人的合法权益才能得以维护。因此,从这个意义上说,保护国家利益、社会公共利益和当事人的合法权益,是《招标投标法》最直接的立法目的。

7.1.2　立法原则

招标投标制度是市场经济的产物,并随着市场经济的发展而逐步推广,必然要遵循市场经济活动的基本原则。《招标投标法》依据国际惯例的普遍规定,在总则第 5 条明确规定:"招标投标活动应当遵循公开、公平、公正和诚实信用的原则。"《招标投标法》通篇以及相关法律规范都充分体现了这些原则。

1. 公开原则

公开原则即"信息透明",要求招标投标活动必须具有高度的透明度,招标程序、投标人的资格条件、评标标准、评标方法、中标结果等信息都要公开,使每个投标人能够及时获得有关信息,从而平等地参与投标竞争,依法维护自身的合法权益。同时将招标投标活动置于公开透明的环境中,也为当事人和社会各界的监督提供了重要条件。从这个意义上讲,公开是公平、公正的基础和前提。

2. 公平原则

公平原则即"机会均等",要求招标人一视同仁地给予所有投标人平等的机会,使其享有同等的权利并履行相应的义务,不歧视或者排斥任何一个投标人。按照这个原则,招标人不得在招标文件中要求或者标明特定的生产供应者以及含有倾向或者排斥潜在投标人的内容,不得以不合理的条件限制或者排斥潜在投标人,不得对潜在投标人实行歧视待遇。否则将承担相应的法律责任。

3. 公正原则

公正原则即"程序规范,标准统一",要求所有招标投标活动必须按照规定的时间和程序进行,以尽可能保障招投标各方的合法权益,做到程序公正;招标评标标准应当具有唯一性,对所有投标人实行同一标准,确保标准公正。按照这个原则,招标投标法及其配套规定对招标、投标、开标、评标、中标、签订合同等都规定了具体程序和法定时限,明确了废标和否决投标的情形,评标委员会必须按照招标文件事先确定并公布的评标标准和方法进行评审、打分、推荐中标候选人,招标文件中没有规定的标准和方法不得作为评标和中标的依据。

4. 诚实信用原则

诚实信用原则即"诚信原则",是民事活动的基本原则之一,这是市场经济中诚实信用的商业道德准则法制化的产物,是以善意真诚、守信不欺、公平合理为内容的强制性法律原则。招标投标活动本质上是市场主体的民事活动,必须遵循诚信原则,也就是要求招标投标当事人应当以善意的主观心理和诚实、守信的态度来行使权利,履行义务,不能故意隐瞒真相或者弄虚作假,不能言而无信甚至背信弃义,在追求自己利益的同时尽量不损害他人利益和社会利益,维持双方的利益平衡,以及自身利益与社会利益的平衡,遵循平等互利原则,从而保证交易安全,促使交易实现。

7.1.3　适用范围

1. 地域范围

《招标投标法》第2条规定:"在中华人民共和国境内进行招标投标活动,适用本法。"即《招标投标法》适用于在我国境内进行的各类招标投标活动,这是《招标投标法》的空间效力。"我国境内"包括我国全部领域范围,但依据《中华人民共和国香港特别行政区基本法》和《中华人民共和国澳门特别行政区基本法》的规定,并不包括实行"一国两制"的香港、澳门地区。

2. 主体范围

《招标投标法》的适用主体范围很广泛,只要在我国境内进行的招标投标活动,无论是哪类主体都要执行《招标投标法》。具体包括两类主体:第一类是国内各类主体,既包括各级权力机关、行政机关和司法机关及其所属机构等国家机关,也包括国有企事业单位、外商投资企业、私营企业以及其他各类经济组织,同时还包括允许个人参与招标投标活动的公民个人;第二类是在我国境内的各类外国主体,即指在我国境内参与招标投标活动的外国企业,或者外国企业在我国境内设立的能够独立承担民事责任的分支机构等。

3. 例外情形

按照《招标投标法》第67条规定,使用国际组织或者外国政府贷款、援助资金的项目进行招标,贷款方、资金提供方对招标投标的具体条件和程序有不同规定的,可以适用其规定。但违背我国的社会公共利益的除外。

7.2　政府采购法

政府采购法是针对政府采购的专门性法规。《中华人民共和国政府采购法》(简称《政府采购法》)的实施,使我国政府采购工作步入了法制化轨道,对推动政府采购工作发展具有十分重要的意义。内容关系框图,如图7.1所示。

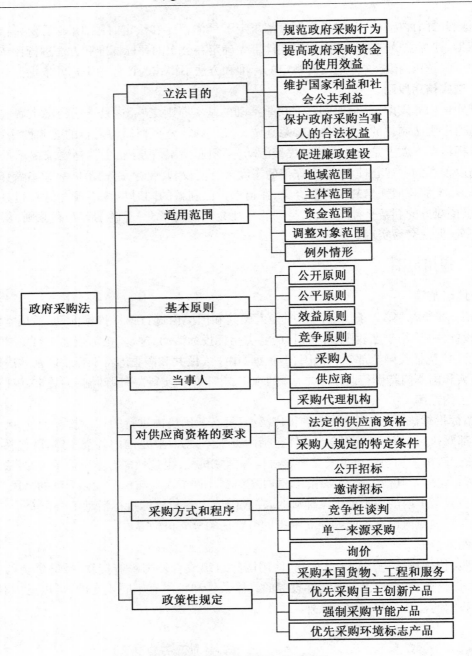

图 7.1 政府采购法内容关系框图

7.2.1 政府采购法的立法目的

立法目的是一部法律的核心,法律的各项具体规定都是围绕立法目的展开的。通常情况下,一部法律的第一条都会开宗明义地明确立法目的。《政府采购法》的第一条具体规定了立法目的,即"为了规范政府采购行为,提高政府采购资金的使用效益,维护国家利益和社会公共利益,保护政府采购当事人的合法权益,促进廉政建设,制定本法。"

《政府采购法》立法目的包括了五个方面的含义。

1. 规范政府采购行为

《政府采购法》将规范政府采购行为作为立法的首要目的,重点强调政府采购各类主体的平等关系,要求各类主体在采购货物、工程和服务过程中,都必须按照法定的基本原则、采购方式、采购程序等开展采购活动,保证政府采购的效果,维护正常的市场秩序。

2. 提高政府采购资金的使用效益

《政府采购法》将公开招标确定为主要采购方式,从制度上最大限度地发挥市场竞争机制的作用,在满足社会公共需求的前提下,使采购到的货物、工程和服务物有所值,做到少花钱,多办事,办好事。

国外经验表明,实行政府采购,采购资金节约率一般都在10%以上,这在我国的政府采购实践也得到了印证。建立健全政府采购法制,可以节省财政资金,提高资金的使用效益。

3. 维护国家利益和社会公共利益

政府采购不同于企业或私人采购,不仅要追求利益最大化,还要有助于实现国家经济和社会发展的政策目标,扶持民族工业,保护环境,扶持不发达地区和少数民族地区,促进中小企业发展等。政府采购强制要求采购人在政府采购中,给予绿色环保、节能、自主创新等产品一定幅度的优惠,鼓励供应商生产节能环保产品。法律为实施政府采购政策目标提供保障,有利于维护国家利益和社会公共利益。

4. 保护政府采购当事人的合法权益

在政府采购活动中,采购人和供应商都是市场的参与者,采购代理机构为交易双方提供中介服务,各方当事人之间是一种经济关系,应当平等互利,按照法定的权利和义务,参加政府采购活动。

5. 促进廉政建设

实行政府采购制度,可以使采购成为"阳光下的交易",有利于抑制政府采购中各种腐败现象的发生,净化交易环境,从源头上抑制腐败现象的发生。《政府采购法》为惩治腐败行为提供了重要的法律依据。

7.2.2　政府采购法的适用范围

《政府采购法》第2条规定:"在中华人民共和国境内进行的政府采购适用本法。本法所称政府采购,是指各级国家机关、事业单位和团体组织,使用财政性资金采购依法制定的集中采购目录以内的或者采购限额标准以上的货物、工程和服务的行为。本法所称采购,是指以合同方式有偿取得货物、工程和服务的行为,包括购买、租赁、委托、雇用等。"

《政府采购法》从五个方面划定了其适用范围。

1. 地域范围

从地域方面,适用范围划定在中华人民共和国境内。根据《香港特别行政区基本法》和《澳门特别行政区基本法》的规定,除香港、澳门地区实行"一国两制"以外,所有中华人民共和国领土都属于中华人民共和国境内。

2. 主体范围

从主体方面,适用范围划定在各级国家机关、事业单位和团体组织。

国家机关,是指依法享有国家赋予的行政权力,具有独立的法人地位,以国家预算作为独立活动经费的各级机关。我国现行的预算管理制度将国家机关分为五级：一是中央；二是省、自治区、直辖市；三是设区的市、自治州；四是县、自治县，不设区的市、市辖区；五是乡、民族乡、镇。

事业单位，是指国家为了社会公益目的，由国家机关举办或者其他组织利用国有资产举办的，从事教育、科技、文化、卫生等活动的社会服务组织。

团体组织，是指中国公民自愿组成，为实现会员共同意愿，按照其章程开展活动的非营利性社会组织。

3.资金范围

从资金方面，适用范围划定在财政性资金。财政性资金包括预算资金、政府性基金和预算外资金。

预算资金，是指财政预算安排的资金，包括预算执行中追加的资金。预算外资金，是指按规定缴入财政专户和经财政部门批准留用的未纳入财政预算收入管理的财政性资金。

政府性基金，是指各级人民政府及其所属部门根据法律、国家行政法规和中共中央、国务院有关文件的规定，为支持某项事业发展，按照国家规定程序批准，向公民、法人和其他组织征收的具有专项用途的资金。包括各种基金、资金、附加或专项收费。

4.调整对象范围

调整对象范围，是依法制定的集中采购目录以内的或者采购限额标准以上的货物、工程和服务。

政府集中采购目录和采购限额标准依照法律规定的权限制定。属于中央预算的政府采购项目，其集中采购目录由国务院确定并公布；属于地方预算的政府采购项目，其集中采购目录由省、自治区、直辖市人民政府或者其授权的机构确定并公布。

所谓采购，是指以合同方式有偿取得货物、工程和服务的行为，包括购买、租赁、委托、雇用等。其中货物，是指各种形态和各种类型的物品，包括有形和无形物品（如专利），固体、液体或气体物体，动产和不动产。工程，是指建设工程，包括建筑物和构筑物的新建、改建、扩建、装修、拆除、修缮等。政府采购工程进行招标投标的，适用《招标投标法》。服务，是指除货物和工程以外的其他政府采购对象。

5.例外情形

按照《政府采购法》的规定，有三种情形，项目虽然属于政府采购范围，因其特殊性，作为例外，可以不适用《政府采购法》：

（1）使用国际组织和外国政府贷款进行的政府采购，贷款方、资金提供方与中方达成的协议对采购的具体条件另有规定的，可以适用其规定，但不得损害国家利益和社会公共利益。

（2）对因严重自然灾害和其他不可抗力事件所实施的紧急采购和涉及国家安全和秘密的采购。

（3）军事采购法规由中央军事委员会另行制定。

7.2.3　政府采购法的基本原则

1.公开原则

公开原则可以从三个方面予以界定：一是公开的内容；二是公开的标准；三是公开的途径。

从公开的内容来看,要求在政府采购中公布如下信息:

(1)公开政府采购的法律、法规、行政规章和政策,使潜在的供应商和政府采购相关主体知悉一国的政府采购制度的基本内容,了解相关的"游戏规则"。

(2)公开采购信息,包括采购物品的名称、种类、数量、规格和技术要求等,这些公告或邀请书的内容应能够基本上满足潜在供应商决定是否参加的需要,同时要确保大多数潜在供应商有获知该信息的机会。

(3)公开供应商的资格预审和评标标准,使潜在供应商能够估算自己获得合同的可能性。

(4)公开开标,使供应商能在确定的时间和地点亲自或委托代理人参与开标活动,获知竞争对手的报价。

(5)公开中标结果,在确定中标人后的中标人发出中标通知书,以便其准备履行采购合同,同时要将中标结果通知所有未中标的供应商,以便其有异议时可以及时提出质疑。

(6)采购过程中的活动要有真实、明确、详细的记录,以便公众和监督机构的审查、监督。

(7)采购机关要建立一种机制,接受相关人士和单位的询问和质疑,并进行真实、明确的解答和说明。

从公开的标准来看,公开发布的信息应该达到以下标准才能真正达到公开、透明的目的:

(1)全面。

即除依法应当予以保密的信息外,与政府采购相关的所有信息都必须公开发布,不隐瞒、不遗漏。

(2)真实。

即公开发布的信息内容必须是真实、准确的,不得作出虚假、欺诈、误导的陈述或披露。

(3)时效。

即采购机关发布的信息必须及时更新,保证其所披露的信息是最新的,能够随时反映出政府采购活动的变化情况和现状。

(4)容易理解。

即公开的资料和文件的内容完整清晰,语言尽量平实,避免使用冗长、晦涩、复杂的词句。

(5)容易获得。

即确保潜在供应商能够通过便捷的途径获得相关信息,如果需要为此支付费用也不得过高,基本上以工本费为限,采购机关不得通过发布信息牟利。

(6)合法。

即采购机关在履行其应尽的信息公开义务时,应当严格按照法律、法规规定的内容、格式、程序和期限发布相关信息。

从公开的途径看,政府采购信息的公开有四种方式:

(1)通过报纸、杂志、广播、电视、互联网等大众传媒公开。

(2)将有关资料、文件置于采购中心或某一特定地点,供潜在供应商和社会公众索取。

(3)由采购机关直接向供应商交付有关资料、文件。

(4)通过专人、电话、互联网等途径接受供应商和社会公众的个别查询与质疑。上述方式可以并行,但应当以第一种为主,因为这种方式的公开程度是广泛。

2. 公平原则

在政府采购中,公平原则具体体现如下:

(1)最大限度地为潜在供应商提供平等的机会,采购主体不仅要向所有潜在的供应商提供采购信息,而且向所有供应商提供的信息是一致的。

(2)采购主体必须保守供应商向其提供的各种信息上的秘密,不得向某供应商透露其他供应商提供的各种材料和信息。

(3)参与竞争的供应商适用相同的采购规则和程序,资格预审和投标评价时所有供应商使用同一标准,不因其经济实力的殊异而给予差别待遇。

(4)采购主体与供应商之间互为给付,依据市场规律确定合同条件,而不是政府凭借权力对供应商进行强权式掠夺。

(5)当实际情况发生显著变化致使采购合同的履行变得艰难或不必要,若维持合同原有效力将导致双方当事人利益均衡根本改变的,可以根据情事变更制度变更或者解除采购合同。

3. 竞争原则

在政府采购中,竞争原则具体表现如下:

(1)通过公开政府采购信息,吸引众多的供应商参与竞争。

(2)公开招标投标是高级的竞争形态,政府采购方式首选公开招标,其次是限制性招标。

(3)除竞争性招标外,政府采购还有其他非竞争性采购方式(如单一来源采购),这些采购方式的适用应当遵循严格的条件。

(4)在采购过程的每个阶段,应该给予供应商适当的时间充分准备,以便展开有效的竞争。

(5)在政府采购中应当排除行政垄断和地方保护主义,不得滥用行政权力排斥本地区、本系统、本行业之外的供应商参加竞争,在全国范围内建立起统一、开放、竞争、有序的政府采购大市场。

4. 效益原则

所谓效益,是指"减去投入后的有效产出,表现为较少的投入获得较大的产出。具体地说应包括:以一定的投入获得更多的产出;或以较少的投入获得同样多的产出。"就政府采购而言,政府采购的效益应从两个方面理解:经济效益和社会效益。前者是指财政资金的使用效益,即"采购主体力争以尽可能低的价格采购到质量理想的物品、劳务或服务";后者主要是指社会整体利益,"而且还包含效率,因为没有效率的资金效益是不可以产生整体的社会效益,只有在效率中才可能出现社会效益。"

7.2.4　政府采购当事人

按照《政府采购法》第14条规定,政府采购当事人,是指在政府采购活动中享有权利和承担义务的各类主体,包括采购人、供应商和采购代理机构等。

1. 采购人

采购人的范围包括依法进行政府采购的国家机关、事业单位、团体组织。

2. 供应商

供应商的范围包括向采购人提供货物、工程或者服务的法人、其他组织或者自然人。

3.采购代理机构

采购代理机构,是指经国务院有关部门或者省级人民政府有关部门认定资格的机构。

集中采购机构也属于采购代理机构;设区的市、自治州以上人民政府根据本级政府采购项目组织集中采购的需要设立集中采购机构。集中采购机构是非营利事业法人,根据采购人的委托办理采购事宜。

7.2.5　政府采购对供应商资格的要求

供应商的资格条件分为法定要求和采购人根据采购项目的特殊性规定的特定条件。

1.法定的供应商资格

按照《政府采购法》第22条规定,供应商应当具备的资格条件包括以下内容:

(1)具有独立承担民事责任的能力。

(2)具有良好的商业信誉和健全的财务会计制度。

(3)具有履行合同所必需的设备和专业技术能力。

(4)具备依法纳税和缴纳社会保障资金的良好记录。

(5)参加政府采购活动前3年内,在经营活动中没有重大违法记录。

(6)法律、行政法规规定的其他条件。

2.采购人规定的特定条件

《政府采购法》允许采购人根据采购项目的特殊性,规定供应商必须具备一定的特定条件。特定条件一般包括:资质、生产能力、业绩、生产许可、财务状况、专业人员等。这些特定条件必须在采购文件中明示,并且不能通过设定特定资格条件来妨碍充分竞争和公平竞争,人为设定歧视条款。

7.2.6　政府采购的采购方式和程序

按照《政府采购法》第26条规定:"政府采购采用以下方式:(一)公开招标;(二)邀请招标;(三)竞争性谈判;(四)单一来源采购;(五)询价;(六)国务院政府采购监督管理部门认定的其他采购方式。公开招标应作为政府采购的主要采购方式。"

1.公开招标

达到公开招标数额标准的货物、工程和服务,必须采用公开招标方式进行采购。采购人不得将应当以公开招标方式采购的货物、工程或者服务化整为零或者以其他任何方式规避公开招标采购。

国务院负责规定中央预算的政府采购项目必须公开招标方式的数额标准,省、自治区、直辖市人民政府负责规定地方预算的政府采购项目必须公开招标的数额标准。国务院办公厅公布的《中央预算单位2007—2008年政府集中采购目录及标准》,公开招标的数额标准为:单项或批量采购金额一次性达到120万元以上的货物或服务,200万元以上的工程。

2.邀请招标

政府采购的邀请招标,是指从符合相应资格条件的供应商中随机邀请3家以上供应并以投标邀请书的方式,邀请其参加投标。

(1)邀请招标的适用范围。

具备下列两种情形,经设区的市、自治州以上人民政府财政部门同意后,可以采用邀请招标方式进行采购：

1）具有特殊性，只能从有限范围的供应商处采购的。

2）采用公开招标方式的费用占政府采购项目总价值的比例过大的。

（2）邀请招标的程序。

政府采购采用邀请招标方式采购的，应当在省级以上人民政府财政部门指定的政府采购信息媒体发布资格预审公告，公布投标人资格条件，资格预审公告的期限不得少于 7 个工作日。投标人应当在资格预审公告期结束之日起 3 个工作日前，按公告要求提交资格证明文件。采购人从评审合格投标人中通过随机方式选择 3 家以上的潜在投标人，并向其发出投标邀请书。邀请招标的后续程序与公开招标的程序相同。

3. 竞争性谈判

竞争性谈判，是指从符合相应资格条件的供应商名单中确定不少于 3 家的供应商参加谈判，最后从中确定成交供应商的采购方式。

（1）竞争性谈判的适用范围。具备下列四种情形，经设区的市、自治州以上人民政府财政部门同意后，可以采用竞争性谈判方式进行采购：

1）招标后没有供应商投标或者没有合格标的或者重新招标未能成立的。

2）技术复杂或者性质特殊，不能确定详细规格或者具体要求的。

3）采用招标所需时间不能满足用户紧急需要的。

4）不能事先计算出价格总额的。

（2）竞争性谈判的主要程序是：成立谈判小组、制定谈判文件、确定邀请参加谈判的供应商名单、谈判和确定成交供应商。

4. 单一来源采购

单一来源采购，是指采购人向某一特定供应商直接采购货物或服务的采购方式。

（1）单一来源采购的适用范围。具备下列三种情形，经设区的市、自治州以上人民政府财政部门同意后，可以采用单一来源方式进行采购：

1）只能从唯一供应商处采购的。

2）发生了不可预见的紧急情况不能从其他供应商处采购的。

3）必须保证原有采购项目一致性或者服务配套的要求，需要继续从原供应商处添购，且添购资金总额不超过原合同采购金额 10% 的。

（2）单一来源采购遵循的原则是：采购人与供应商应当遵循《政府采购法》规定的原则，在保证采购项目质量和双方商定合理价格的基础上进行采购。

5. 询价

询价，是指从符合相应资格条件的供应商名单中确定不少于 3 家的供应商，向其发出询价通知书让其报价，最后从中确定成交供应商的采购方式。

（1）询价的适用范围。采购的货物规格和标准统一、现货货源充足且价格变化幅度小的政府采购项目，经设区的市、自治州以上人民政府财政部门同意后，可以采用询价方式采购。

（2）询价的主要程序是：成立询价小组、确定被询价的供应商名单、询价和确定成交供应商。

7.2.7 政府采购的政策性规定

针对政府采购使用资金等方面的特殊性,法律赋予政府采购实施一些经济和社会的政策性目标。政策性目标主要有:为了扶持本国企业的发展,规定采购人应当采购本国的货物、工程和服务;为了促进就业,要求获得较大政府采购合同的供应商,必须安排一定数量的失业人员;为了节约资源,保护环境,强制采购人购买节能、环保产品;为了扶持中小企业、保护残疾人兴办的企业等,部分小额政府采购合同,通过价格优惠方式对这些企业给予照顾等。

国务院、财政部和有关部门依法制订了一系列规定,强制实施了部分政策性目标。目前,已经实施的有以下几个方面:

1. 采购本国货物、工程和服务

按照《政府采购法》第 10 条规定,采购人应当采购本国货物、工程和服务。但是对需要采购的货物、工程或者服务在中国境内无法获取或者无法以合理的商业条件获取的;为在中国境外使用而进行采购的;其他法律、行政法规另有规定的 3 种例外情形确需采购进口产品时,按照财政部《政府采购进口产品管理办法》和《关于政府采购进口产品管理有关问题的通知》的规定,经批准后才能采购进口产品。

2. 优先采购自主创新产品

按照财政部的有关规定,采购人必须优先采购纳入《政府采购自主创新产品目录》中的货物和服务。具体要求如下:

（1）编制自主创新产品政府采购预算。

（2）优先采购自主创新产品的要求。

（3）自主创新产品政府采购合同。

3. 强制采购节能产品

政府采购强制采购节能产品,不仅可以节约能源,保护环境,降低政府机构能源费用开支,还对在全社会形成节能风尚起到了良好的引导作用。财政部、国家发展改革委关于印发《节能产品政府采购实施意见》的通知等有关规定,确定了建立政府强制采购节能产品的制度:

（1）制订节能产品政府采购清单。

节能产品政府采购清单由财政部和国家发展改革委负责制订。列入节能产品政府采购清单中的产品由财政部和国家发展和改革委从国家认可的节能产品认证机构认证的节能产品中,根据节能性能、技术水平和市场成熟程度等因素择优确定,并在有关媒体上定期向社会公布。

（2）强制采购的节能产品应该具备的条件。

1）产品属于国家认可的节能产品认证机构认证的节能产品,节能效果明显。

2）产品生产批量较大,技术成熟,质量可靠。

3）产品具有比较健全的供应体系和良好的售后服务能力。

4）产品供应商符合政府采购法对政府采购供应商的条件要求。

（3）确定强制采购节能产品的原则。

1）产品具有通用性,适合集中采购,有较好的规模效益。

2）产品节能效果突出,效益比较显著。

3）产品供应商数量充足，一般不少于 5 家，确保产品具有充分的竞争性，采购人具有较大的选择空间。

（4）编制采购文件的要求。

采购人应在政府采购招标文件（含谈判文件、询价文件）中载明对产品的节能要求、对节能产品的优惠幅度，以及评审标准和方法等，以体现优先采购的导向。拟采购产品属于节能产品政府采购清单规定必须强制采购的，应当在招标文件中明确载明，并在评审标准中予以充分体现。同时，采购招标文件不得指定特定的节能产品或供应商，不得含有倾向性或者排斥潜在供应商的内容，以达到充分竞争、择优采购的目的。

4. 优先采购环境标志产品

财政部和国家环保总局在联合印发《关于环境标志产品政府采购实施的意见》等有关规定中，对优先采购环境标志产品提出了明确的要求，并公布了环境标志产品政府采购清单。

财政部和国家环境保护总局综合考虑政府采购改革进展和环境标志产品技术及市场成熟等情况，从国家认可的环境标志产品认证机构认证的环境标志产品中，以"环境标志产品政府采购清单"的形式，按类别确定优先采购的范围。财政部、国家环境保护总局适时调整清单，并以文件形式公布。

7.3　合同法

7.3.1　合同法的基本原则

《合同法》第 1 章第 3 条至第 8 条规定的基本原则，参照民法原则总结提炼，是《合同法》的核心内容。

1. 平等原则

《合同法》第 3 条规定："合同当事人的法律地位平等，一方不得将自己的意志强加给另一方。"平等原则所指的法律地位平等，并非指合同双方当事人事实上平等，权利义务相同，而是指在双方权利义务对等、法律利益相对平衡的情况下，在签署合同时各方的平等地位。

根据该原则，合同当事人之间应当就合同条款充分协商，取得一致。订立合同是双方当事人意思表示一致的结果，是在互利互惠基础上充分表达双方意见，就合同条款取得一致后达成的协议，故任何一方都不应当凌驾于另一方之上，也不得将自己意志强加给对方，更不得以强迫命令、胁迫等手段签订合同。

2. 自愿原则

《合同法》第 4 条规定："当事人依法享有自愿订立合同的权利，任何单位和个人不得非法干预。"自愿原则是指合同当事人在法律的规定范围内，在合法的前提下，通过协商，自愿决定和调整相互权利义务关系。自愿原则体现了民事活动的基本特征，是民事关系区别于行政法律关系、刑事法律关系的特有的原则。

自愿原则贯彻合同活动全过程，根据其内涵，当事人有权依据自己意愿自主决定是否签订合同，自愿与谁订合同，签订合同时，有权选择对方当事人，在合同履行过程中，当事人可以协议补充、协议变更有关内容等。双方也可以协议解除合同，约定违约责任，在发生争议时，当事人可以自愿选择解决争议的方式等。

3. 公平原则

公平原则亦称正义原则。法律意义在于坚持社会正义,公平的确定法律主体之间的民事权利义务关系。其含义主要表现如下:

(1)在合同订立方面,作为平等合同主体的当事人都有权公平参与。在明确合同双方权利义务的内容时,应当兼顾各方利益,公平协商对待。《合同法》第 39 条强调了订立格式合同时提供格式合同的一方应遵循公平原则;第 40 条规定了提供格式条款一方免除其责任、加重对方责任、排除对方主要权利的条款无效;第 41 条规定了当对格式的解释有两种以上时,应当作出不利于提供格式条款一方的解释。

(2)合同的撤销方面。《合同法》第 54 条规定了订立合同时显失公平的,一方当事人有权请求人民法院或者仲裁机构变更或者撤销,但第 55 条同时规定了行使撤销权应当在当事人自知道或者应当知道撤销事由一年内。

(3)违约责任方面。《合同法》第 114 条规定,约定的违约金低于或者过分高于造成的损失的,当事人可以请求人民法院或者仲裁机构予以增加或适当减少。

在《合同法》的司法实践中,司法机关一般情况下会根据当事人的具体行为,结合《合同法》的总则和分则的明确规定,充分考虑当事人的行为是否违背了《合同法》关于公平原则的强制性规范。但同时也需要当事人在围绕合同开展的各个环节中把握此原则进行操作。

4. 诚实信用原则

《合同法》第 6 条规定:"当事人行使权利、履行义务应当遵循诚实信用原则"。诚实信用原则的基本内涵是:当事人在合同订立、履行、变更、解除等各个阶段,以及在合同关系终止后,都应当严格依据诚实信用原则行使权利和履行义务。

5. 合法性原则

《合同法》要求当事人在订立及履行合同时,符合国家强制性法律的要求,不违背社会公共利益,不扰乱社会经济秩序。

合法性包含两层含义:

(1)合同形式和内容等各构成要件必须符合法律的要求。合同是订立各方意思自愿协议成果,规定和约束着缔约各方的权利义务关系,调整当事人之间的法律关系,而不受国家公权力的干预。但根据合同法律的相关规定,订立合同的双方当事人必须具备合法的主体资格,订立的合同在内容和形式上也应当不违反法律的禁止性规定,否则即为无效合同,不受法律的保护。此外,根据《合同法》第 52 条的规定,当事人订立合同还需要有合法的目的,否则合同依然被认定为无效而不受法律保护。

(2)合同所涉及的标的不能违背社会公共利益,不得损害其他法律所保护的利益。为了规范当事人之间的权利义务关系,以促进社会经济的发展和规范化,则要求当事人达成合意的内容不能违反社会公共利益。根据我国的具体国情,其内容主要为国家安全,生存环境,公民身体健康,社会道德及风俗习惯等。

7.3.2　合同的订立与效力

合同订立是缔约各方之间通过协商达成一致,确定合同内容,以一定的形式表示的过程。必须经过要约与承诺两个阶段。

1. 合同的要约与承诺

（1）要约。

要约又称发盘、出价、报价。一般意义而言，要约是一种定约行为，是希望和他人订立合同的意思表示，发出要约一方称为要约人，接受要约一方称为受要约人。《合同法》第14条中对于要约的性质及其构成要件作出了明确的规定，主要可从几个方面理解：

1）要约是由特定人作出的意思表示。要约是达成合同的前提条件之一，所以，要约人应当是订立合同一方的当事人，只有在可以明确要约人的前提下，受要约人才能够向此相对人作出承诺，以达成合同。

2）要约的内容应当具体确定。内容具体是指要约的内容必须是合同成立所必需的条款，即合同的主要条款，是能够使受要约人根据一般的交易规则能够理解要约人的意图而订立合同的要求。如在货物招标采购合同中，主要条款应包括货物的内容、合同价格或者确定价格的方法、货物的数量或者规定数量的方法以及履行的方式等。

3）要约必须具有订立合同的意图。要约人发出要约之后，一旦受要约人作出相应的承诺，合同关系即为成立。要约人应当受其发出要约内容的约束，不得随意撤回或者撤销要约，也不得对要约内容随意变更，应承担相应的义务。

（2）要约邀请。

要约邀请也称要约引诱，是指希望他人向自己发出要约的意思表示。第一，要约邀请也是一种意思表示，应符合意思表示的一般特点。第二，要约邀请的目的在于诱使他人向自己发出要约，而非希望获得相对人的承诺。即其只是订立合同的预备，而非订约行为。第三，要约邀请既不能因相对人的承诺而成立合同，也不能因自己作出某种承诺而约束要约人，行为人撤回其要约邀请，在没有给善意相对人造成信赖利益的损失情况下，可不承担法律责任。

根据《合同法》第15条规定，招标公告一般应当视为要约邀请。其中所指招标为订立合同的一方当事人采取招标公告的形式向不特定人发出的、用以吸引或邀请向对方发出要约为目的的意思表示。

实践中，要约邀请的表现形式还包括寄送的价目表、拍卖公告、招股说明书、商业广告等。其中，商业广告的内容如果符合要约规定的，应当视为要约。

（3）要约的效力。

要约的效力分别表现为要约对要约人和受要约人的拘束力。我国合同法对要约的效力采用"到达主义"的方式。《合同法》第16条规定，要约到达受要约人时生效。同时《合同法》还规定，采用数据电文形式订立合同，收件人指定特定系统接收数据电文的，该数据电文进入该特定系统的时间，视为到达时间，未指定特定系统的，该数据电文进入收件人的任何系统的首次时间，视为到达时间。

（4）要约的撤回与撤销。

要约的撤回，是指要约人在发出要约后，于要约到达受要约人之前取消其要约的行为。《合同法》第17条规定，要约可以撤回。撤回要约的通知应当在要约到达受要约人之前或者与要约同时到达受要约人。可以理解为，在此情况下，被撤回的要约实际上是尚未生效的要约。倘若撤回的通知于要约到达后到达，而按其通知方式依通常情形应先于要约到达或同时到达，则在此情况下，要约一旦到达即视为生效，根据诚实信用原则，要约人一般不能任意撤回。

　　要约的撤销是指要约人在要约生效后,取消要约,使之失去法律效力的行为。要约的撤回发生在要约生效之前,而要约的撤销发生在要约生效之后。《合同法》第18条规定,要约可以撤销,撤销要约的通知应当在受要约人发出承诺通知之前到达受要约人。第19条规定,如有下列情形之一,要约则不得撤销:第一,要约人确定了承诺期限或者以其他形式明示要约不可撤销。在这种情况下,可以理解为受要约人是在积极准备作出承诺而没有在要约人承诺的期限截止之前作出承诺。如果撤销要约,则有可能违反公平原则。第二,受要约人有理由认为要约是不可撤销的,并已经为履行合同做了准备工作。

　　(5)承诺。

　　承诺是受要约人同意要约的意思表示。根据《合同法》的规定,承诺具有以下法律特征:

　　1)承诺的主体必须为受要约人。如果要约是向特定人发出的,承诺须由该特定人作出。当然,根据代理制度,特定人授权或者委托的代理人也可以作为承诺的主体。如果是向不特定人发出的,不特定人均具有承诺资格。受要约人以外的人,则不具有承诺资格。

　　2)承诺的内容必须明确表示受要约人与要约人订立合同。对作出承诺的要求与对要约的要求一样,都需要表意人作出明确具体的意思表示。同时,《合同法》第30条规定,承诺的内容应当与要约的内容一致。受要约人对要约的内容作出实质性变更的,为新要约。有关合同标的、数量、质量、价款或者报酬、履行期限、履行地点和方式、违约责任和解决争议方法等的变更,是对要约内容的实质性变更。在此规定之下,除非要约人作出接受的表示,否则对要约人无任何约束力。

　　3)承诺必须在合理期限内向要约人发出。承诺应当在要约确定的期限内到达要约人。要约没有确定承诺期限的,如果要约以对话方式作出的,应当场及时做出承诺的意思表示,但当事人另有约定的除外。如果要约以其他方式作出,承诺应当在合理期限内到达要约人。

　　(6)承诺的效力。

　　承诺生效时合同即为成立。对于合同的生效时间,《合同法》第26条规定,承诺通知到达要约人时生效。承诺不需要通知的,根据交易习惯或者要约的要求作出承诺的行为时生效。采用数据电文形式订立合同的,收件人指定特定系统接收数据电文的,该数据电文进入该特定系统的时间,视为到达时间;未指定特定系统的,该数据电文进入收件人的任何系统的首次时间,视为到达时间。

　　(7)承诺的撤回与迟延。

　　承诺的撤回,是指受要约人在其作出的承诺生效之前将其撤回的行为。承诺一经撤回,即不发生承诺的效力,阻却了合同的成立。《合同法》第27条规定,撤回承诺的通知应当在承诺通知到达要约人之前或者与承诺通知同时到达要约人。规定承诺必须以明示的通知方式作出,且此通知应当在一定时间之内作出。

　　受要约人超过承诺期限发出承诺的,除要约人及时通知受要约人该承诺有效的以外,应当视为新的要约。但承诺因意外原因而迟延者,并非一概无效。《合同法》第29条规定,受要约人在承诺期限内发出承诺,按照通常情形能够及时到达要约人,但因其他原因承诺到达要约人时超过承诺期限的,除要约人及时通知受要约人因承诺超过期限不接受该承诺的以外,该承诺有效。

　　(8)建设工程合同通常的订立方式。

　　按照《招标投标法》的规定,大部分建设工程合同在订立过程中需要经过招标投标的环节。通常情况下,招标人发出的招标公告、投标邀请书和招标文件为要约邀请,投标人投标文件为要约,招标人发出的中标通知书为承诺,中标人收到中标通知书视为承诺到达,并在《招标投标法》规定的 30 天内签订建设工程书面中标合同。签订的建设工程合同不能与招标文件和中标人投标文件的实质性内容相背离。

2. 合同的内容和形式

（1）合同的内容。

合同的内容主要以合同条款的形式书面表述,是合同当事人协商一致的结果。其表现形式为合同条款,实质内容是合同当事人之间的权利义务关系。合同条款可分为必要条款和一般条款。必要条款可以理解为主要条款,其决定着合同的类型以及合同的基本内容。一般并不具有合同效力的评价意义,但可能影响合同的成立。

《合同法》第 12 条规定,合同的内容由当事人约定,也可参考各类示范文本进行协商。依据市场经济中交易习惯以及合同法等法律原理,一般建议在合同中约定有当事人的名称或者姓名和住所、标的、数量、质量、价款或者报酬、履行期限、地点和方式、违约责任、解决争议的方法等条款内容,以保证合同更加全面准确的承载当事人之间的权利义务关系。

1）当事人的名称或者姓名和住所。明确合同主体,对了解合同当事人的基本情况,合同的履行和确定诉讼管辖具有重要的意义。合同包括自然人、法人、其他组织。自然人的姓名是指经户籍登记管理机关核准登记的正式用名。自然人的住所是指自然人有长期居住的意愿和事实的处所,即经常居住地。法人、其他组织的名称是指经登记主管机关核准登记的名称,如公司的名称以营业执照上的名称为准。法人和其他组织的住所是指它们的主要营业地或者主要办事机构所在地。

2）标的。标的是合同当事人双方权利和义务共同指向的对象。标的的表现形式为物、劳务、行为、智力成果、工程项目等。没有标的的合同是空的,当事人的权利义务无所依托;标的不明确的合同无法履行,合同也不能成立。所以,标的是合同的首要条款,签订合同时,标的必须明确、具体,必须符合国家法律和行政法规的规定。

3）数量。数量是衡量合同标的多少的尺度,是以数字和其他计量单位表示的尺度。没有数量或数量的规定不明确,当事人双方权利义务的多少,合同是否完全履行都无法确定。数量必须严格按照国家规定的度量衡制度确定标的物的计量单位,以免当事人产生不同的理解。

4）质量。质量是标的的内在品质和外观形态的综合指标。签订合同时,必须明确质量标准。合同对质量标准的约定应当是准确而具体的,对于技术上较为复杂的和容易引起歧义的词语、标准,应当加以说明和解释。对于强制性的标准,当事人必须执行,合同约定的质量不得低于该强制性标准。对于推荐性的标准,国家鼓励采用。当事人没有约定质量标准,如果有国家标准,则依国家标准执行;如果没有国家标准,则依行业标准执行;没有行业标准,则依地方标准执行;没有地方标准,则依企业标准执行。

5）价款或者报酬。价款或者报酬是当事人一方向交付标的的另一方支付的货币。标的物的价款由当事人双方协商,但必须符合国家的物价政策,劳务酬金也是如此。合同条款中应写明有关银行结算和支付方法的条款。

6）履行的期限、地点和方式。履行的期限是当事人各方依照合同规定全面完成各自义务的时间。包括合同的签订期、有效期和履行期。履行的地点是指当事人交付标的和支付价款或酬金的地点。包括标的的交付、提取地点；服务、劳务或工程项目建设的地点；价款或劳务的结算地点。履行的方式是指当事人完成合同规定义务的具体方法。包括标的的交付方式和价款或酬金的结算方式。履行的期限、地点和方式是确定合同当事人是否适当履行合同的依据，是合同中必不可少的条款。

7）违约责任。违约责任是任何一方当事人不履行或者不适当履行合同规定的义务而应当承担的法律责任。当事人可以在合同中约定，÷方当事人违反合同时，向另一方当事人支付一定数额的违约金；或者约定违约损害赔偿的计算方法。

8）解决争议的方法。在合同履行过程中不可避免地会产生争议，为使争议发生后能够有一个双方都能接受的解决办法，应当在合同条款中对此作出规定。

在上述条款之外，双方当事人可以协商订立其他与交易活动有关的其他条款。例如建设工程合同中对建设工程承包范围、承包方式、工期、工程价款计算以及支付、指定分包、保修责任等方面的约定。

（2）合同的形式。

合同的形式是指缔约当事人所达成的协议的表现形式。《民法通则》第56条规定，民事法律行为可以采用书面形式、口头形式或者其他形式。法律规定用特定形式的，应当依照法律的规定。《合同法》第10条规定，"当事人订立合同，有书面形式、口头形式和其他形式。"

书面形式是指当事人以文字表达协议的内容的形式。一般表现为合同书，协议书等。当事人之间来往的电报、图表、修改合同的文书，都属于合同的书面形式。口头形式是合同当事人直接以对话的形式而订立的合同。除此之外，实际操作中还出现有公证形式、鉴证形式、批准形式、登记形式等。书面形式权利义务记载明确，作为合同证据，其效力也优于其他证据，有利于权利义务的履行。

在合同订立过程中，分为法定书面形式和当事人双方约定为书面订立合同。《合同法》规定，当事人约定采用书面形式的，应当采用书面形式。建设工程合同、借款合同、租赁期限六个月以上的租赁合同、融资租赁合同，应当采用书面形式。《合同法》第276条规定，建设工程实行监理的，发包人应当与监理人采用书面形式订立委托监理合同。发包人与监理人的权利和义务以及法律责任，应当依照本法委托合同以及其他有关法律、行政法规的规定。《担保法》第13条规定，保证人与债权人应当以书面形式订立保证合同；第38条规定，抵押人和抵押权人应当以书面形式订立抵押合同；第64条规定，出质人和质权人应当以书面形式订立质押合同；第90条规定，定金应当以书面形式约定。当事人在定金合同中应当约定交付定金的期限。定金合同从实际交付定金之日起生效。《招标投标法》第46条规定，招标人和中标人应当按照招标文件和中标人的投标文件订立书面合同。招标人和中标人不得再行订立背离合同实质性内容的其他协议。除此之外，在其他个别法律法规当中，也有对合同形式作出的明确规定。根据《合同法》第10条第2款规定，当事人约定采用书面形式的，应当采用书面形式。

口头形式是合同当事人直接以对话的形式而订立的合同。口头形式简便易行、迅速直接，这对加速商品流转有着十分重要的作用，口头形式订立合同也很常规见。

除以上两种主要形式外，实际操作中还出现有公正形式、签证形式、批准形式、登记形式等。

3. 合同的效力

合同的效力是指已成立的合同将对合同当事人乃至第二人产生的法律拘束力。对合同效力的讨论是基于合同已经成立。合同效力的衡量标准是法定的一般生效要件,据此亦可将合同的效力状态分为生效、可撤销以及效力待定三种类型:

(1)合同的成立。

一般规定,承诺生效时合同成立。当事人采用合同书形式订立合同的,自双方当事人签字或者盖章时合同成立。当事人采用合同书形式订立合同,但并未签字盖章,意味着当事人的意思表示未能最后达成一致,因而一般不能认为合同成立。双方当事人签字或者盖章不在同一时间的,最后签字或者盖章时合同成立。而当事人采用信件、数据电文等形式订立合同,可以在合同成立之前要求签订确认书,合同自签订确认书时成立。

根据《合同法》第36条规定,法律、行政法规规定或者当事人约定采用书面形式订立合同,当事人未采用书面形式但一方已经履行主要义务,对方接受的,该合同成立。此时可以从实际履行合同义务的行为中推定当事人已经形成了合意并且成立合同关系。当事人一方不得以未采取书面形式或未签字盖章为由否认合同关系的实际存在。

(2)合同的生效。

根据《民法通则》第55条和《合同法》第44条规定,已经成立的合同产生当事人所预期的结果,则视为合同的生效。合同生效须满足法定的生效要件,包括当事人缔约时应有相应的缔约能力,意思表示真实,不违反强制性法律规范以及公序良俗原则,标的确定并且可能等四个方面。

如合同欠缺生效要件。则可能最终会导致合同无效、效力待定或者合同的可撤销。

(3)无效合同。

合同无效是指合同在欠缺某生效条件的情况下或者合同适用法律中规定的合同无效情形时,合同当然不产生效力,且绝对无效,自始无效。《合同法》第52条规定,一方以欺诈、胁迫的手段订立合同,损害国家利益;订立合同的当事人之间恶意串通,损害国家、集体或者第三人利益;以合法形式掩盖非法目的;违反民法公序良俗原则,损害社会公共利益;合同中(包括订立时)存在违反法律、行政法规的强制性规定的,如果合同存在以上规定内容之一,则合同应当被认定为无效。

(4)可撤销合同。

可撤销合同是指合同欠缺一定生效要件,其有效与否,取决于有撤销权的一方当事人是否行使撤销权的合同。此类合同其实为相对有效的合同。在有撤销权的当事人一方未履行或者放弃履行撤销权之时,合同视为生效。在权利人行使撤销权之后,被撤销的合同即自合同订立之时失去法律约束力,可视为无效合同。当事人负有相互返还财产、赔偿损失等义务,当事人之间权利义务关系应当恢复至合同生效之前。

因重大误解订立的合同,可以申请撤销。所谓重大误解,是指当事人为意思表示时,因自己的过失对涉及合同法律效果的重大事项发生认识上的显著错误而使自己遭受重大不利的法律事实。此外,在订立合同时显失公平的,一方存在以欺诈、胁迫的手段,或者乘人之危,使对方在违背真实意思的情况下订立合同的,合同当事人一方也有权申请撤销合同。

另外,合同的撤销权不能由因意思表示不真实而受损的一方当事人(有撤销权人)直接行使,当事人行使撤销权,只能向法院或者仲裁机构主张。同时《合同法》第55条对撤销权的行使规定了一定的期限和限制条件,即具有撤销权的当事人自知道或者应当知道撤销事由之日起一年内没有行使撤销权的,或者具有撤销权的当事人知道撤销事由后明确表示或者以自己的行为放弃撤销权的,撤销权消灭。此条款符合《合同法》的立法原则,充分体现了对当事人自主权的尊重。

需要注意的是,在上述符合合同规定可撤销情形下,当事人可以选择请求撤销,也可以选择请求变更。如此,对于处理合同订立和履行中的缺陷和困难,可以赋予权利人多种选择促成合同目的的达成,最大限度鼓励交易的实现。

(5)效力待定合同。

所谓效力待定合同是指已成立的合同生效要件存在瑕疵,须经有权补正人追认方为生效的合同。效力待定的要素主要为当事人主体资格欠缺,如无行为能力人、限制行为能力人订立的合同,无权代理人、无处分权人订立的合同,或者代理人超越代理权订立的合同。对于效力待定合同,则需要有权人进行追认,即表示承认或同意。追认一般以明示方式作出,沉默不构成追认。同时,追认应当为无条件并且对合同全部条款承认。对部分条款予以承认的,应视为新要约,仍需相对人同意。

应区别效力待定合同与附生效要件的合同。附生效要件合同包括附条件合同以及附期限合同。根据《合同法》第45条规定,附生效条件的合同,自条件成就时生效。附解除条件的合同,自条件成就时失效。《合同法》第46条规定,当事人对合同的效力可以约定附期限。附生效期限的合同,自期限届至时生效。附终止期限的合同,自期限届满时失效。

(6)合同成立与合同生效的区别。

在《合同法》的规定中,实际中容易存在对合同成立与合同生效的概念混同。在大多数情况下,合同成立时即具备了生效的要件,因而其成立和生效时间是一致的。《合同法》第44条规定:依法成立的合同,自成立时生效。但是,根据《合同法》对成立及生效的规定,合同成立并不等于合同生效。对二者的区别主要作如下区分:

1)合同的成立与生效体现的意志不同。合同虽为当事人之间达成的合意,但合同成立后,能否产生效力,能否产生当事人所预期的法律后果,仍取决于国家法律对该合同的态度和评价。如果不符合法律规定的生效要件,仍然不能产生法律效力。

2)合同的成立与生效反映的内容不同。合同的成立与生效是两个不同性质、不同范畴的问题。合同的成立主要反映当事人的合意达成一致,属于对事实的判断。而合同的生效则反映立法者的意志对当事人合意的干预,其属于法律对已成立合同的价值判断。

3)合同成立与生效的构成要件不同。

4)合同成立与生效的效力及产生的法律后果不同。《合同法》第8条规定,依法成立的合同,对当事人具有法律约束力。当事人应当按照约定履行自己的义务,不得擅自变更和解除合同。依法成立的合同,受法律保护。合同生效以后当事人必须按照合同的约定履行,这一点与合同成立的效力是一致的,且多数合同成立的时间就是生效的时间。但对于已成立但未生效的合同来说,其结果可能有多种。如因依法批准登记或条件成就、期限届至而生效、因危害国家和社会公共利益而无效、也有的属于效力待定合同、可变更、可撤销合同等等。其中,无效合同自始就没有法律上的约束力,当事人必须停止履行。如果合同无效是由于违反了国家的强制性规定而无效,有过失的当事人除了要承担一定的民事责任以外,还有可能产生行政或刑事上的责任。当事人恶意串通,损害国家、集体或者第三人的利益,因此获得的财产应当收归国家所有或者返还集体、第三人。

7.3.3　合同的履行、变更和转让

1. 合同的履行

合同的履行,是指合同生效之后,合同当事人按照合同的约定实施合同标的的行为,如交付货物、提供服务、支付价款、完成工作、保守秘密等,合同的履行主要是当事人实施给付义务的过程。合同的履行是《合同法》的核心内容,当事人应当遵循诚实信用原则,根据合同的性质、目的和交易习惯履行通知、协助、保密等义务,以按照合同的约定全面履行自己的义务。

（1）全面履行原则。

《合同法》第60条中规定了合同的全面履行原则,要求当事人按合同约定的标的及其质量、数量,合同约定的履行期限、履行地点、适当的履行方式、全面完成合同义务。在此原则规定之下,当事人除应尽通知、协助、保密等义务之外,还应当为合同履行提供必要的条件,以及防止损失扩大。《民法通则》第114条规定:当事人一方因另一方违反合同受到损失的,应及时采取措施防止损失的扩大;没有及时采取措施致使损失扩大的,无权就扩大的损失要求赔偿。

（2）协作履行原则。

协作履行原则与全面履行原则同为合同履行之中诚实信用原则的内涵。协作履行原则,指当事人不仅有义务履行己方义务,同时应当负有协助对方当事人履行合同的约定。

在合同履行当中,如只有债务人的给付行为,或者债权人的单方受领给付,合同内容实则无法实现,合同即不能履行。协作履行原则并不漠视当事人的各自独立的合同利益,不降低债务人所负债务的力度。在协作履行原则内容中,债务人履行合同债务,债权人应适当受领给付;债务人履行债务,债权人有义务主动为合同履行创造必要的条件,提供方便;如因特别事由,造成合同不能履行或不能完全履行时,当事人应当积极采取措施避免或减少损失,否则将就扩大的损失承担相应的义务。

（3）经济合理原则。

经济合理原则要求在履行合同时,讲求经济效益,付出最小的成本,取得最佳的合同利益。在实际履行合同的过程当中,当事人选择最经济合理的方式履行合同义务,变更合同,对违约进行补救等约定都体现此原则。

2. 合同的变更和转让

合同的变更可从广义、狭义角度理解。广义的合同变更是指合同主体或内容的变更,前者指合同债权或债务的转让,即由新的债权人或债务人替代原债权人或债务人,而合同内容并无变化;后者指合同当事人权利义务的变化。狭义的合同变更仅指合同内容的变更。《合同法》第5章中规定的合同的变更仅指合同内容的变更,合同主体的变更在《合同法》中称为合同的转让。本章讨论的内容采用《合同法》的狭义理解学说。

（1）合同的变更。

合同的变更是合同关系的局部变化,如标的数量的增减、价款的变化、履行时间、地点、方式的变化等,是合同的内容的变更。指在合同成立以后至未履行或者未完全履行之前,当事人经过协议对合同的内容进行修改和补充。此概念需要与合同性质的变化相区别,例如买卖变为赠与,前后合同关系失去了同一性,此为合同的更新或更改。至于合同标的(合同中约

定的权利义务关系)的变更是否属于合同变更,理论界有不同看法,其判断关键在于变更协议是否改变原合同的核心权利义务。

(2)合同的权利转让。

合同的权利的转让也称为债权转让,是指债权人通过协议将合同的权利全部或者部分的转让给第三人。合同权利的转让可以分为全部转让或者部分转让。部分转让的,受让的第三人加入合同关系,与原债权人共享债权,原合同之债因此变为多数人之债。按照转让合同约定,原债权人与受让部分合同权利的第三人或者按份分享合同债权,或者共享连带债权。如果转让合同对此未作出约定的,视为二者享有连带债权。成立债权转让应当满足以下三点:

1)必须存在合法有效的合同权利,且转让不改变该权利的内容。即为合同权利转让是在不改变合同权利的内容前提下由债权人将权利转让给第三人,其主体不包括债务人。

2)转让人与受让人须就合同权利的转让达成协议。

3)被转让的合同权利须具有可让与性。

债权转让中应当注意,转让合同权利按照法律、行政法规的规定需要办理批准、登记等手续的,在程序完成之后方为生效。《合同法》第87条规定:"法律、行政法规规定转让权利或者转移义务应当办理批准、登记等手续的,依照其规定。"合同权利转让须通知债务人,未经通知的,该转让对债务人不发生效力。原则上,以书面形式订立的合同的债权转让应当采用书面形式,并且该通知一般不得撤销,除非经受让人同意。

《合同法》第79条规定了不具有让与性的情况:

1)根据合同性质不得转让:

①根据个人信任关系而必须由特定人受领的债权,比如因雇佣合同而产生的债权。

②以特定的债权人为基础而发生的合同权利,比如演员的表演合同。

2)按照当事人约定不得转让。但是合同当事人的这种特别约定,不得对抗善意的第三人。如果债权人不遵守约定,将权利转让给了第三人,使第三人在不知情的情况下接受了转让的权利,该转让行为有效,第三人成为新的债权人。转让行为造成债务人利益损害的,原债权人应当承担违约责任。

3)依照法律规定不得转让。如《民法通则》第91条规定,依照法律规定应当由国家批准的合同,合同一方将权利转让给第三人,须经原批准机关批准。如果该批准机关未批准,该合同转让无效。

(3)合同的义务转让。

合同的义务转让,又称债务转移,是指基于当事人协议或法律规定,由债务人移转全部或部分债务给第三人,第三人就移转的债务而成为新债务人的现象。广义的债务承担应包括免责的债务承担和并存的债务承担。所谓并存的债务承担,指原债务人并没有脱离债的关系,而第三人加入债的关系,并与债务人共同向同一债权人承担债务。例如,在建设工程合同中,分包合同应当属于债务人与第三人,或者债权人、债务人与第二人之间共同约定,由第三人加入原有之债的情形。此处债权人即发包人,债务人即(总)承包人,第三人即分包人。如果在合同未明确约定的情况下,债务人与第三人承担连带责任。债务人也可以将合同义务的全部或者部分转让给第三人,但是应当经债权人同意。

债务转让的构成和效果与债权转让基本一致,但须注意的是,债权转让只要通知债务人,就可以对债务人发生效力。因为债权转让中不增加债务人的负担。而在债务转移中,因为债务人履行能力本身存在差别,为合理保护债权的履行,故债务转让必须经过债权人同意才能够发生效力。

(4)合同权利义务的概括转让。

合同权利义务的概括转让,是指合同当事人一方在不改变合同的内容的前提下将其全部的合同权利义务一并转让给第三人。《合同法》规定,当事人一方经对方同意,可以将自己在合同中的权利和义务一并转让给第三人。合同权利义务的概括转让应当符合下列条件:

1)合同权利义务的概括转让须以合法有效的合同存在为前提。合同尚未订立或合同关系已经解除,合同转让失去前提而不能成立;合同无效,依合同产生的权利义务自始无效,也不存在合同权利义务的概括转让;如果合同是可撤销合同,虽然在被撤销前合同权利义务可概括转让,但转让后,原合同当事人的撤销权应当视为已被放弃。

2)权利义务的概括转让必须经对方同意。因为合同权利义务的概括转让,在转让合同债权的同时也有债务的转让,为保护当事人的合法权益,不因合同权利义务的转让而使另一方受到损失,所以法律规定,必须经另一方当事人的同意,否则不产生法律效力。

3)权利义务的概括转让包括合同一切权利义务的转移。包括主权利和从权利、主义务和从义务的转移。但专属于债权人或债务人自身的权利义务除外。

4)原合同当事人一方与第三人必须就合同权利义务的概括转让达成协议,且该协议应符合民事法律行为有效要件。

5)权利义务的概括转移应当符合法律规定。例如,根据《合同法》的规定,当事人订立合同后合并的,由合并后的法人或者其他组织行使合同权利,履行合同义务。当事人订立合同后分立的,除债权人和债务人另有约定的以外,由分立的法人或者其他组织对合同的权利和义务享有连带债权,承担连带债务。关于合同中权利和义务概括转让不得违反法律规定,如根据《建筑法》的规定,中标后的承包单位不能将自己的全部权利与义务转让给第三方。必须依法经有关机关批准方能成立的合同,合同权利义务的转让必须经原批准机关批准。

6)合同权利义务的概括转让,还须遵循《合同法》的下列有关规定:债权人可以将合同的权利全部或者部分转让给第二人,但有下列情形之一的除外:根据合同性质不得转让的;按照当事人约定不得转让的;依照法律规定不得转让的。债权人转让权利的,受让人取得与债权有关的从权利,但该从权利专属于债权人自身的除外。债务人接到债权转让通知时,债务人对让与人享有到期债权的,按照《合同法》的规定可向受让人主张抵消。债务人转移义务的,新债务人可主张原债务人对债权人的抗辩。

债务人转移义务的,新债务人应当承担与主债务有关的从债务,但该从债务专属于原债务人自身的除外。债权人转让权利或者债务人转移义务,法律、行政法规规定应当办理批准、登记等手续的,依照其规定。

7.3.4　合同权利义务终止

1.合同终止的概念和效力

合同的权利义务终止,又称合同的终止或合同的消灭,是指依法生效的合同,因具备法定的或者当事人约定的情形,造成合同权利义务的消灭。合同终止后,债权人不再享有合同权利,债务人也不必再履行合同义务。

根据《合同法》第91条的规定,如出现合同中债务已经依约履行,合同解除,债务相互抵消,债务人依法将标的物提存,债权人免除债务,或者债权债务同归于一人中的任一情形的,合同即告终止。此为法定的合同终止,另外,当事人之间也可以通过约定的方式终止合同。

合同的终止并不是合同责任的终止。如果一方当事人严重违约而引起另一方当事人行使解除权,此时因解除而终止合同的并不能免除违约方的违约责任,也不应影响权利人行使请求损害赔偿的权利。

合同终止后,合同债权债务关系因此而消灭,这种债权债务关系是合同直接规定的,因此,合同终止后合同条款也相应地失去其效力,但仅是合同的履行效力终止。即为一方当事人请求另一方当事人履行合同义务的效力终止。但在实际中,合同终止后仍会产生遗留,当事人在缔约时一般应对此类情况作出约定。为实际满足合同权利义务双方之间的关系,《合同法》第 98 条规定,如果合同终止后尚未结算清理完毕的,其中约定的结算清理条款仍然有效。

同时,根据《合同法》第 92 条的内容,合同的权利义务终止后,当事人应当遵循诚实信用原则,根据交易习惯履行通知、协助、保密等义务。

2. 合同的解除

合同的解除,是指合同成立生效后,当具备法律规定的合同解除条件或者当事人通过行使约定的解除权,因其一方或各方的意思表示而使合同关系归于消灭的行为。合同的解除可以概括分为法定解除和约定解除。前者如《合同法》第 94 条内容,后者可分为双方协议解除以及单方行使约定解除权。

(1)法定解除和约定解除。

法定解除与约定解除的区别在于,首先,法定解除中的解除权发生条件以及其具体条件的行使、效力和消灭均由法律直接规定,例如,《合同法》第 94 条规定,具备其主要规定的四种情况,当事人可以解除合同。而约定解除权的发生条件是由双方当事人商定的。在当事人对某一事项无约定或者约定不明时,才可以使用法定解除权的有关规定作为补充。

约定解除有协商解除和约定解除权的解除两种形式。二者的区别在于:第一,约定解除权的解除是事前约定的解除,它仅在合同中规定解除合同的条件以及一方享有的解除权。而协商解除为事后解除,是当事人根据已经发生的需要解除合同而作出的决定。第二,约定解除不一定最终成就,导致合同解除,而协商解除则可以导致合同最终解除。第三,约定解除一般约定为当事人一方存在违约的情况下,另一方享有解除权。而协商解除为双方达成协议即可,对解除原因不作要求。第四,约定解除权是单方解除权,而协商解除为双方的行为,是双方解除。

对于合同终止与合同解除之间的关系,我国《合同法》采用将合同解除作为合同终止的下位概念,纳入合同终止并规定为合同终止的一类情形。

(2)建设工程施工合同的解除。

最高人民法院《关于审理建设工程施工合同纠纷案件适用法律问题的解释》中分别对发包人和承包人的合同解除权作出相应规定。建设工程施工合同的解除条件是结合建设工程施工合同的特点对《合同法》上法定解除条件的适用。

同时规定了在承包人有过错的情况下,发包人请求解除建设工程施工合同的情形。例如,承包人在合同约定的期限内没有完工,且在发包人催告的合理期限内仍未完工的;承包人已经完成的工程质量不合格,且拒绝修复的;或者在工程施工承包过程中擅自将己方承包的建设工程非法转包或违法分包的等,进一步明确了建设工程合同适用《合同法》分则承揽合同关于定做人的法定解除权的规定。

另外,规定了发包人有违约行为或违法行为时承包人的法定解除权,即发包人如未按约定支付工程价款的,或者提供的主要建筑材料、建筑构配件和设备不符合强制性标准,或者不履行合同约定的协助义务的,致使承包人无法施工,且在催告的合理期限内仍未履行相应义务,承包人即有权向法院或者仲裁机构请求解除建设工程施工合同。

7.3.5　合同的违约责任

1.违约责任的概念及构成

依据《民法通则》、《合同法》有关规定,违约责任即为违反了合同的民事责任,是指合同当事人一方不履行合同义务或者履行合同义务不符合约定时,依照法律规定或者合同的约定所应承担的法律责任。

合同义务是违约责任产生的前提,违约责任则是合同义务不履行的结果。违约责任仅发生于特定当事人之间,具有相对性,即法律允许当事人在法律规范的指导下,通过合同文件事先对违约责任作出约定,此为违约责任的任意性。此外,违约责任是一种财产责任。

(1)违约责任的构成要件。

违约责任的构成要件有违约行为和无免责事由两种,前者称为违约责任的积极条件,后者为违约责任的消极要件。

违约行为,是指合同当事人违反合同义务的行为。违约行为据其形态大致可分为四类:

1)不履行,包括履行不能和拒绝履行。履行不能是指在客观上失去履行能力,如标的灭失等。

2)履行迟延,指合同当事人在合同履行时间上的不当履行。其分为三种情况:

①因可归责于债务人原因的债务人的迟延履行,例如在建筑材料买卖合同之中基于供货关系而存在卖方未按时履行合同而迟延交货的情形。

②因可归责于债权人原因的债权人的迟延履行。这又可分为两种情况,一种情况是债权人负有配合债务人履行的义务而不积极配合造成合同履行迟延,另一种情况是债权人无故拒绝接受债务人到期的履行。

③因不可归责于双方当事人的原因导致履行迟延。应注意的是,在第三种情况之下,履行迟延不构成违约。

3)不完全履行。分为瑕疵给付与加害给付。瑕疵给付主要是指给付在数量上不完全、不符合质量要求、履行时间与履行地点不当、履行方法不符合约定。加害给付是引起履行有瑕疵而造成了债权人的人身或财产的损失。加害给付将有可能导致违约责任与侵权责任的竞合。即由同一行为造成对相对方的违约责任和侵权损害。

4)预期违约,是指在合同履行期限到来之前,一方无正当理由而明确表示在履行期到来后将不履行合同,或者以其行为表明在履行期到来后将不可能履行合同。包括明示和默示两种情况。

违约责任的另一构成要件是在履行过程中不存在法定和约定的免责事由。法定的免责事由是指存在不可抗力。约定的免责事由是指当事人在不违背法律的强制性规定的前提下,事先在合同中约定免除合同责任的事由,此多在国际贸易当中出现。

（2）归责原则。

判断一种行为是否构成违约应当采用何种方法，即为归责原则。在合同法原理中，有过错责任原则、过错推定责任原则、严格责任原则等理论。我国《合同法》在立法中采用了严格责任原则来认定违约行为。

严格责任原则，是指在违约行为发生以后，确定违约当事人的责任，应当主要考虑违约的结果是否因违约方违反合同约定所致，而不考虑违约方的主观态度是故意或者是过失。《合同法》第107条规定，当事人一方不履行合同义务或者履行合同义务不符合约定的，应当承担继续履行、采取补救措施或者赔偿损失等违约责任。该规定即是关于合同责任归责原则的规定。严格责任原则是从英、美、法相关原则中援引并变化而来，实际上是否定了违约方的主观因素在合同责任承担判定过程中的前提作用，仅考虑客观要素的存在。

2.违约责任的承担方式

根据《合同法》第107条规定，在合同履行过程中，一方构成违约，相对方可以请求继续履行合同债务、停止违约行为、赔偿损失、支付违约金、执行定金罚则及其他补救措施。

继续履行，又称实际履行或强制履行，是指当事人一方违约的，对方有权请求人民法院或仲裁机构作出判决或裁决，强迫违约人按照合同履行义务。

停止违约行为，是指当事人一方违约的，对方可以要求其停止违约行为；违约人也应当主动停止违约行为；人民法院有权责令违约人停止违约行为。

赔偿损失，是指当事人一方的违约行为给对方造成财产损失的，违约人应依法向对方作出经济赔偿。赔偿损失是典型的补偿方式。

支付违约金，是指当事人一方违约时，向对方支付一定数额的金钱。根据性质不同，违约金可分为惩罚性违约金和赔偿性违约金；根据来源不同，违约金又可分为约定违约金和法定违约金。

定金罚则，也是一种违约责任承担方式。定金是指当事人一方向对方给付一定数额的金钱作为债权的担保。定金对于债权的担保作用主要体现为定金罚则，给付定金的一方不履行约定的债务的，无权要求返还定金；收受定金的一方不履行约定的债务的，应当双倍返还定金。

此外，还可采取其他一些补救措施，包括：防止损失扩大、暂时中止合同、要求适当履行、解除合同以及行使担保债权等。

3.建设工程施工合同中的违约责任

在建设工程施工承包合同中，发包人的主要义务包括做好施工前的各项准备工作、为施工人提供必要的现场条件和配合承包人的工作、按照合同规定向施工人支付工程价款、进行必要的监督检查、组织竣工验收和竣工结算等。

如果合同约定由发包人提供场地、技术资料，而发包人未按约定的时间和要求提供这些条件，或发包人未按约定支付工程款，发包人应承担违约责任，承包人可以顺延工程日期，并有权要求赔偿停工、窝工等损失。在这里发包人承担违约责任的方式是赔偿损失，承包人有权要求工期和费用索赔。

《合同法》第284条规定，因发包人的原因致使工程中途停建、缓建的，发包人应当采取措施弥补或者减少损失，赔偿承包人因此造成的停工、窝工、倒运、机械设备调迁、材料和构件积压等损失和实际费用。在这里发包人承担违约责任的方式是采取补救措施和赔偿损失。

　　承包人按照合同规定完成工程建设后,有权依照合同约定获得发包人支付的竣工结算款,这是承包人享有的合法权益。《合同法》第 286 条规定,发包人未按照合同约定支付工程价款的,承包人可以催告发包人在合理期限内支付价款。发包人逾期不支付的,除按照建设工程的性质不宜折价、拍卖的以外,承包人可以与发包人协议将该工程折价,也可以申请人民法院将该工程依法拍卖。建设工程的价款就该工程折价或者拍卖的价款优先受偿。

　　在建设工程中,施工合同承包人的主要义务包括做好施工准备、按照合同要求组织施工、接受发包人对进度质量的监督检查、按照合同规定按质如期完成工程、参加竣工验收、进行工程交付、在规定的保修期内对因施工原因造成的工程质量问题进行维修等等。

　　对于承包人而言,在施工过程中,承包人应当按照设计文件和施工规范进行施工,不得偷工减料、粗制滥造,不得擅自修改工程设计,否则承包人对施工质量应承担瑕疵履行违约责任;承包人不得延误工期,否则将承担迟延履行违约责任。

　　《合同法》第 281 条规定,因承包人的原因致使建设工程质量不符合约定的,发包人有权要求承包人在合理期限内无偿修理或者返工、改建。经过修理或者返工、改建后,造成逾期交付的,承包人应当承担违约责任。在这里承包人承担违约责任的方式主要表现为继续履行,同时还要承担逾期交付引起的违约责任,发包人可从支付违约金、减少价款、行使担保债权等方式中选择适当方式要求承包人承担违约责任。

7.3.6　合同争议的解决

　　合同争议是指合同当事人之间对合同履行的情况和不履行或者不完全履行合同的后果产生的各种分歧。根据《合同法》的规定,发生合同争议时,当事人可以通过协商或者调解的方式解决。当事人不愿协商、调解或者协商、调解不成的,可以根据仲裁协议向仲裁机构申请仲裁,当事人没有订立仲裁协议或者仲裁协议无效的,可以向人民法院起诉。即概括为四种解决方式:当事人自行协商,第三人调解,仲裁和法院诉讼。

　　对于合同中出现的争议的解决方式的选择,同样取决于当事人自愿,其他任何组织和个人都不得强迫。当事人可以在签订合同时就选择,并把选择出的方法以合同条款形式写入合同,也可以在发生争议后就解决办法达成协议。在解决合同争议过程中,任何一方当事人都不得采取非法手段,否则将依法追究违法者的法律责任。

　　1. 协商

　　协商是争议当事人之间依据交易习惯自行组织谈判或者以其他自由方式就争议事项达成和解的一种纠纷解决方式。在各类法律纠纷的解决方式当中,协商的成本最低、效率最高,其核心价值就是不破坏缔约方的友情和商业联系的意思自治。

　　2. 调解

　　调解方式在中国可分为三种,调解机构调解(含人民调解)、仲裁中调解和法院调解。调解机构调解包括两类,一类是人民调解,一类是机构调解。

　　(1)人民调解又称诉讼外调解。是指在人民调解委员会主持下进行的调解活动。人民调解委员会是村民委员会和居民委员会下设的调解民间纠纷的群众性自治组织,在基层人民政府和基层人民法院指导下进行工作。

　　(2)机构调解是指由专门的调解机构中的调解员或当事人自行选定的调解员,按照机构调解规则进行调解各方争议的活动,目前在中国贸促会设置有调解中心,是帮助争议当事人解决发生在商事、海事领域内纠纷的常设调解机构,该机构有专门的调解规则,并且该中心已经与美国、加拿大、意大利、韩国、日本等国家的调解机构建立了国际合作关系,成立了联合调解中心。

(3)仲裁中调解则不同于其他调解,是在仲裁过程中按照当事人自愿原则组织进行的协调活动,在当事人同意的情况下,可以由仲裁员充当调解员,并可以应当事人的要求出具调解书,该调解书具有法律的执行力。仲裁中调解在建设工程纠纷中得到了积极有效的应用。

(4)法院调解又称诉讼中调解。是指在法院审判人员的主持下,双方当事人就民事权益争议自愿、平等的进行协商,达成协议,解决纠纷的诉讼活动和结案方式。是人民法院和当事人进行的诉讼行为,其调解协议经法院确认,即具有法律上的效力。

建设工程具有周期长、争议多、纠纷复杂的特点,因此在争议解决过程中,各方当事人往往愿意主动选用有效的调解方式息讼止争,尤其是仲裁中调解和诉讼调解。针对合同争议的调解,有关部委相继制定了《水电工程建设经济合同争议调解暂行规则》、《合同争议行政调解办法》等部门规章加以指引和规范。随着经济的不断发展,在建设工程领域,调解在争议解决过程中越来越具有重要意义。

3. 仲裁

仲裁是争议各方依据各方同意的仲裁协议,按照约定选用的仲裁规则由仲裁庭对争议进行裁决公断的争议解决方式。在国内和国际的建设工程合同文本中,仲裁是当事人之间普遍选择的争议解决方式之一,尤其体现在国际工程承包和国际贸易合同中。与诉讼相比,仲裁具有自由开放的解决方式,行业专家裁判、一裁终局、保密性等优点。

4. 诉讼

诉讼作为解决争议的最终手段之一,是在国家司法机关权力的介入下,对民事纠纷通过法定程序进行的解决。诉讼程序经过长时间的发展与不断的改进,并且由于其自身的特点以及法院生效判决的强制性和确定性,在建设工程合同的争议解决中有极其重要的作用。

参考文献

［1］ 国务院法制办公室.中华人民共和国招标投标法［M］.北京:中国法制出版社,2012.

［2］ 法制出版社.中华人民共和国合同法［M］.北京:中国法制出版社,2012.

［3］ 法制出版社.中华人民共和国政府采购法［M］.北京:中国法制出版社,2002.

［4］ 法制出版社.中华人民共和国招标投标法实施条例［国务院令(第613号)］［M］.北京:中国法制出版社,2012.

［5］ 中华人民共和国国家发展计划委员会.工程建设项目施工招标投标办法［M］.北京:中国建筑工业出版社,2003.

［6］ 赵曾海.招标投标操作实务［M］.2版.北京:首都经济贸易大学出版社,2012.

［7］ 武育秦.建筑工程招标投标与合同管理［M］.北京:中国建筑工业出版社,2011.

［8］ 杨春香,李伙穆.工程招标投标与合同管理［M］.北京:中国计划出版社,2011.